파충류 · 양서류
사육을 위한

비바리움

서식 환경 및 품종별
제작 방법과 매력 포인트

들어가며

독자 여러분, 안녕하세요. 저는 《RAF 채널(원제 : RAFちゃんねる)의 아리마(有馬)입니다.
먼저, 이 책을 선택하신 여러분 감사합니다. 그리고 제가 처음으로 작업한 책에 관심을 가져주셔서 진심으로 고맙습니다.

이 책을 선택했다면, 여러분은 《RAF 채널》은 모르지만 평소 비바리움에 흥미가 있는 사람이거나 저의 유튜브(YouTube) 채널을 구독하는 팬일 것입니다. 내용은 누가 읽어도 어렵지 않고 재미있게, 파충류와 양서류의 서식 환경을 재현한 '비바리움'을 가능한 한 쉽게 만들 수 있도록 심혈을 기울여 총 17개의 새로운 작품을 제작했습니다.
비바리움이 생소한 사람도, 이미 잘 알고 있는 사람도 모두가 큰 어려움 없이 즐길 수 있는 책이라고 생각합니다.

그럼, 제가 이 책을 작업하게 된 계기에 관해 소개하겠습니다.
필자는 본업과는 별개로 파충류와 양서류의 매력을 소개하는 개인 유튜브 채널 《RAF 채널》을 지난 3년 동안 운영해왔습니다. 그사이 여러 차례 비바리움을 제작했고, 감사하게도 그 제작 경험을 높이 평가받아 책을 출간할 기회를 얻게 되었습니다.

"내게 찾아온 기회는 반드시 잡는다. 그 기회가 왔을 때 잡을 수 있도록 하루하루 성실히 준비한다."

평소에 이런 자세가 중요하다고 필자는 여겨 왔습니다.
그래서 고민의 여지 없이 이 작업을 받아들였습니다. (제안해 주신 메이츠 유니버설 콘텐츠(Mates Universal Contets)사에 진심으로 감사드립니다.)

하지만 본업 + 유튜브 + 기타 업무 + 200마리 이상의 파충류 · 양서류 돌보기, 그리고 책 작업까지 더해 비바리움 제작에 관한 책을 준비하는게 너무나 힘들었습니다. '비바리움 제작'이라는 것은 어떤 의미에서는 '작품집'이라 할 수 있는데 이를 위해 완전히 새로운 17개의 비바리움을 창작(4개월 이내로)해야 했습니다. 그중에서도 특히 사육장을 포함해 17개 작품을 만들 분량의 재료를 미리 준비하는 작업은 정말이지 말로 표현하기 어려울 정도였습니다.

퇴근 후 오후 11시부터 시작된 작업은 늘 새벽 2시쯤 끝이 났고, 세부 사항을 자료로 정리하는 등 비바리움 제작과 관련한 책 작업은 어떤 기술이나 감각을 논하기 전에 엄청난 노력이 필요한 '개미지옥'과도 같았습니다. 그러므로 사진을 한번 쭉 훑고 끝내지 마시고 조금 더 시간을 할애해 책을 읽어 주신다면 정말 기쁘겠습니다(웃음).

앞에서도 언급했지만 '초보자도 충분히 즐길 수 있는' 15개의 새로운 작품과 순서를 싣지 않은 작품까지 포함해 모두 17개의 작품을 '이 책을 위해' 만들었습니다. 기본적으로는 홈센터(대형마트)나 잡화점, 원예 상가 등 가까운 주변 상점(파충류샵 or 수족관)에서 구할 수 있는 제품을 사용해 제작했고 '이건 도저히 따라 하기 어렵겠는데.' 하면서 독자들이 포기하지 않도록 비교적 쉬운 내용으로 담았습니다.
부디 이 책이 앞으로 파충류나 양서류를 사육해 보려는 초보자나 이미 많은 개체를 사육하고 있지만 비바리움을 제작해 본 적이 없는 사람에게 도전의 계기가 되길 바랍니다.

필자는 유튜브와는 별개로 평소에 하는 본업이 있습니다. 그 업계 사람은 대부분 파충류와 같은 생물을 사육해 본 적이 없습니다. 요즘 이국적인 동물(대중적인 개나 고양이 이외에 조금 색다른 애완동물)을 사육하는 사람이 늘었다고는 하지만 안타깝게도 아직 소수에 불과합니다.
필자가 본업이 따로 있는데도 틈틈이 시간을 내 유튜브 활동을 하거나 파충류와 양서류에 관한 책자를 집필하는 데는 이유가 있습니다. 유튜브를 시작했던 '초심', 즉 파충류와 양서류를 사육하는 사람이 조금이라도 더 늘어나기를 바라는 제 평생에 걸친 미션 때문입니다.

계기야 어떻든 상관없습니다. 한 명이라도 더 많은 사람이 이 책을 접하고 파충류와 양서류를 사육하는 즐거움과 '비바리움'의 매력을 알게 된다면 그보다 더 큰 기쁨은 없을 것입니다.

마지막으로 이 책을 제작하기 위해 성심껏 협력해 주신 파충류 클럽의 와타나베(渡辺) 사장님, 파충류 관련 유튜브 크리에이터와 브리더 여러분, 그리고 항상 밤늦은 시간까지 애써주신 편집부 여러분께 큰 감사를 드립니다. 정말 고맙습니다.

그럼 여러분! 행복한 비바리움 LIFE를 경험해 보시기를 바랍니다.

RAF 채널의 아리마

CONTENTS

2장 숲에 사는 생물의 비바리움

3장 건조한 환경에 서식하는 생물의 비바리움

4장 물가에 서식하는 생물의 비바리움

책의 구성

이 책은 파충류, 양서류를 대상으로 하는 비바리움의 제작 방법을 좀 더 알기 쉽게 해설한다. 기초지식에서부터 필요한 아이템, 레이아웃 포인트 등 비바리움 제작에 필요한 정보를 사진과 함께 소개한다.

책의 내용

이 책은 1장에서 비바리움에 대한 기초지식을 설명하고 2장부터는 대상 종이 서식하는 생태환경을 '숲', '건조한 환경', '물가'로 나누어 장별로 제작 방법을 소개한다. 그리고 2장 이후에는 각 장의 끝에 다양한 파충류, 양서류 애호가들이 작업한 비바리움 사례를 사진과 함께 실었다.

※ 서식지를 '숲', '건조한 환경', '물가'로 구분하는 것은 어디까지나 기준이다. 예컨대, 물가를 테마로 한 비바리움도 숲처럼 식물을 많이 써서 제작하기도 한다.

페이지 종류

이 책은 주로 'Theory', 'Theory & Layout', 'Layout' 세 가지 유형으로 내용을 구성했다.

Theory

비바리움 제작에 필요한 이론을 소개한다. 각 장은 이 'Theory'로 시작한다.

Theory & Layout

각 장에서 'Theory' 다음에 오는 페이지다. 이론과 함께 실제 비바리움 제작 방법을 소개한다. 소개하는 비바리움의 대상 개체가 아닌 다른 종의 정보도 수록하여 폭넓은 지식을 얻을 수 있다.

Layout

각 장에서 'Theory & Layout' 다음에 이어지는 페이지다. 파충류와 양서류의 종별에 맞게 비바리움 제작 방법을 소개한다.

Collection of works

2장 이후 장 끝부분에 있는 내용이다. 파충류 · 양서류 애호가들의 비바리움을 소개한다.

이 외에도 책 마지막에는 'Conversation with vivarium'(감수자와 비바리움 전문가의 대담)을 수록하여 자신이 제작하고자 하는 비바리움에 도움이 될 수 있는 정보를 소개한다.

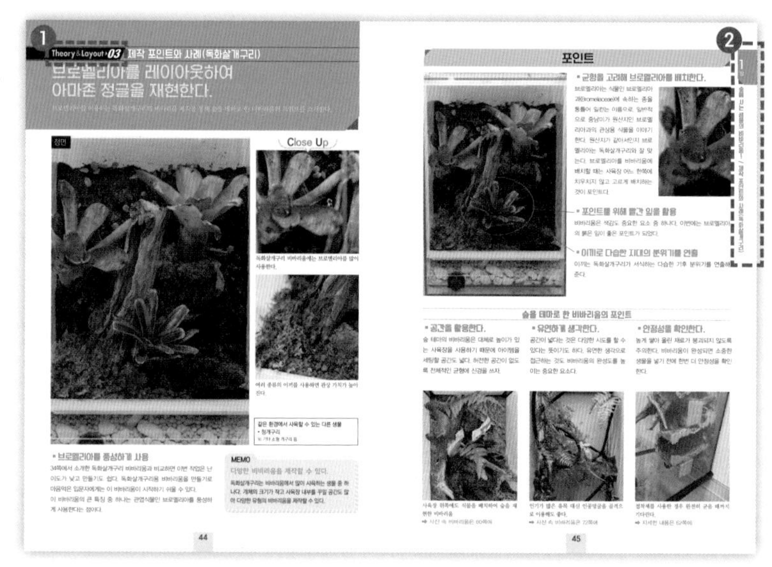

❶ 각 페이지의 종류

그 페이지가 어떤 내용을 소개하고 있는지 나타낸다.

❷ 간이 인덱스

기본적으로 모든 페이지에 표시되어 있다. 비바리움을 제작하는 과정에서 찾고 싶은 내용을 찾아보는데 용이하다.

이 책(Layout Page)의 내용

이 책에서는 15개의 비바리움을 제작 순서와 개체 설명도 함께 소개한다. 포인트를 파악하고 비바리움을 순조롭게 제작해 나가자.

Layout·06 볏도마뱀붙이(크레스티드 게코)

쉽게 관리할 수 있도록
유목을 공중에 띄워 설치한다.

Close Up

포인트

볏도마뱀붙이(크레스티드 게코) 알아보기

❸ 같은 환경에서 사육할 수 있는 다른 생물

해당 페이지에서 소개하는 비바리움 환경에서도 사육할 수 있는 다른 종을 소개한다. 단, 종에 따라서는 상황에 맞게 조정하는 것이 좋을 수도 있다.

❹ 포인트

해당 페이지에서 소개되는 비바리움의 주요 포인트가 되는 내용을 정리했다.

❺ 소개하는 생물종 이해하기

해당 페이지에서 소개하는 비바리움 대상 종의 생물학적 데이터이다. 적절한 사육 환경을 조성하는 데 도움이 된다.

❶ 사진 촬영 각도

메인이 되는 사진을 촬영한 각도다. '정면'은 앞 페이지에서 촬영한 사진이다.

❷ Close Up

비바리움의 포인트가 되는 부분을 확대한 사진으로 소개한다.

준비

순서

Check!

❽ Check!

해당 페이지에서 소개하는 비바리움을 제작하기 위해 알아야 하는 팁 등을 소개한다. 박스는 'Check' 외에도 'Memo'와 'NG'가 있으며 내용은 다음과 같다.

Memo ▶ 대상 종과 관련된 일반 상식이다.

NG ▶ 자주 범하게 되는 실수에 관한 내용이다. 이런 실수를 하지 않도록 주의하자.

❾ 유지 보수와 사육 포인트

해당 페이지에서 소개하는 비바리움을 유지, 보수할 때의 포인트와 그 대상 종의 사육 포인트다. 각 장의 'Theory & Layout'에서 소개하는 '유지 보수와 사육 포인트'도 함께 확인하자.

❻ 준비

해당 페이지에서 소개하는 비바리움을 제작하는데 필요한 아이템을 소개한다. 소개된 아이템은 일부이며 특징적인 아이템을 소개하는 사진이다.

❼ 순서

해당 페이지에서 소개하는 비바리움을 제작하는 순서다. 특별히 포인트가 되는 정보는 붉은 실선과 문장으로 나타낸다.

이 책에 등장하는 파충류와 양서류

이 책에서 소개하는 비바리움의 대상은 파충류, 양서류 22종이다.
여기서는 가나다 순서로 종을 소개한다.

※ 굵은 글씨는 비바리움 제작의 순서를 소개하는 페이지다.

빨간눈청개구리

리치도마뱀붙이

1장

비바리움을 시작하자

비바리움은 사랑스러운 파충류, 양서류와 함께하는 생활을
더욱 즐겁게 만든다.
자신이 생각하는 모습에 맞추어 완성도가 높고
생물에게도 안전한 비바리움을 제작하기 위해
우선 비바리움의 기본을 익히도록 하자.

비바리움은 생물의 서식 환경을 재현한 공간을 통틀어 일컫는 말이다.

비바리움은 매우 매력적이고 깊이 있는 세계로 아쿠아리움(Aquarium)이나 테라리움(Terrarium)도 비바리움의 하나다.

■ 생태환경을 재현한 공간

일반적으로 비바리움의 어원은 라틴어(또는 이탈리아어 등 라틴어가 기원인 언어)에서 기인했다고 한다. 최근에는 비바를 '만세'로 직역하지만 본래 의미는 '생명'이란 뜻이다. 그리고 '~리움'은 '~을 위한 장소'를 가리킨다.

다시 말해, 비바리움은 '생명을 위한 장소'를 뜻하며 생물이 서식하는 환경을 재현한 공간의 총칭이라 하겠다. 그리고 이것이 포함하는 범위가 꽤 넓어 아쿠아리움이나 테라리움도 비바리움의 한 종류로 볼 수 있다.

[비바리움이란]

비바리움

생물이 살아가는 환경을 재현한 공간을 통틀어 부르는 명칭. 단어의 의미를 생각하면 '아쿠아리움'도 포함하지만 일반적으로는 파충류나 양서류를 대상으로 한다.

- **아쿠아리움**
  수생 생물을 아름다운 환경에서 사육하거나 또는 그에 필요한 설비
- **테라리움**
  육지 생물을 아름다운 환경에서 사육하거나 또는 그에 필요한 설비
- **팔루다리움 (Paludarium)**
  습기가 많은 환경을 좋아하는 식물을 아름다운 환경에서 사육(생물을 함께 기르기도)하거나 또는 그에 필요한 설비

비바리움(Vivarium)의 매력

비바리움을 통해 자기 손으로 하나의 '생태계'를 만들어내는 기쁨을 맛볼 수 있다.

▪ 생물의 생생한 모습을 관찰할 수 있다.

비바리움은 기본적으로 생물을 좋아하는 사람이 즐기는 취미다. 사육자는 좋아하는 생물이 서식하는 자연환경을 본떠 조성하고, 생물이 그 속에서 먹이를 먹거나 좋아하는 장소에서 잠을 자는 등의 생활을 할 수 있게 한다. 그 모습을 관찰하는 것은 매우 즐거울뿐더러 생물의 새로운 면도 발견할 수 있다. 그 과정에서 사육자는 생물의 매력을 더 많이 발견할 수 있을 것이다.

한편, 비바리움을 제작할 때 기본적으로 갖추어야 할 사항은 있겠지만 절대적인 정답이란 없다. 즉, 자신만의 개성 넘치는 공간을 만들어 세상에 단 하나뿐인 비바리움을 만들 수 있다.

예전에는 비바리움이라고 하면 제작을 위한 전용 장비와 시간, 노력 등이 필요해 일부 소수의 사람만이 즐기는 취미라는 인상이 강했다. 그러나 최근에는 그 폭이 넓어지고 이전보다 훨씬 단순한 형태의 비바리움을 즐기는 사람이 증가했다.

특별한 자격도 필요 없고 생물을 좋아하는 사람이라면 누구나 즐길 수 있는 멋진 세계다.

필요한 요소

▪ 생물 및 수조, 레이아웃용 소재 필요

비바리움을 조성하는 데 필요한 요소는 크게 세 가지로 나눌 수 있다.

우선 제일 중요한 요소는 생물이다. 앞 페이지에서도 언급했듯이 일반적으로 파충류와 양서류를 대상으로 한다.

그다음으로 사육 공간인 사육장(수조)도 없어서는 안 될 장비다. 비바리움으로 사용할 수 있는 사육장은 유리와 아크릴 제품이 있는데 기본적으로 흠집이 잘 안 나고 청결 상태 유지가 쉬운 유리 제품이 좋다.

마지막 하나는 레이아웃용 아이템으로 여기에는 다양한 종류가 있다. 예컨대, 밑바닥에 까는 바닥재와 전체 골격을 이루는 유목, 자연에 와 있는 듯한 분위기를 연출하는 식물 등이 있다.

➡ 비바리움 제작 아이템에 관한 자세한 정보는 22쪽에

사육장은 비바리움에 적합한 제품을 선택하도록 한다.

만들기의 기본

▪ 토대가 되는 부분부터 만든다.

비바리움을 만드는 방법은 사육하는 생물의 종류나 완성 이미지에 따라 달라진다. 다만 기본적으로는 대부분 '바닥재 깔기'를 제일 먼저 하는데 이는 토대가 되는 부분부터 시작하기 때문이다. 이어서 '유목 배치하기' 등의 골격을 만들고, 그다음으로 '이끼 심기' 등의 세부 작업을 진행한다.

제작에 필요한 시간은 심혈을 기울일수록 많은 시간이 필요하지만 단순한 경우에는 1시간도 채 걸리지 않는다. 이 책에서는 많이 걸려도 하루면 완성할 수 있는 비바리움을 중심으로 소개한다.

NG 즉흥적으로 시작하지 않는다.

비바리움은 생물을 사육하는 활동으로 그 생물이 삶을 다할 때까지 함께 하는 것이 기본이다. 또한 비바리움 제작에는 일정 비용이 들며, 생물 사육에는 공간과 시간이 필요하다. 여러 가지 요소를 충분히 검토한 다음에 시작하기를 권장한다.

Theory 비바리움의 유형

비바리움의 형태는 여러 가지가 있지만 생물에게 적합한 공간을 만드는 것이다.

'비바리움'이란 한 단어로 표현하지만 그 유형은 매우 다양하다.
어떤 차이가 있는지 살펴보도록 하자.

▪ 단순한 유형은 30분이면 만들 수 있다.

'비바리움'이라는 한 단어로 말하지만 매우 다양한 유형이 있다. 이 책에서는 파충류와 양서류의 비바리움을 소개한다.

막상 어렵게 느껴질 수 있겠지만 아주 쉬운 것부터 어려운 것까지 난이도는 매우 다양하다. 이 책에서는 재료 준비만 제대로 한다면 30분 만에 완성할 수 있는 비바리움도 소개하고 있다. 비바리움을 제작할 때 기본적으로 주의해야 할 것도 있지만 그렇다고 꼭 지켜야 하는 규칙 같은 것은 없다. 생물에게 알맞은 유형을 선택하고 즐겁게 만들어 보자.

유형의 차이

▪ 자연환경에 따라 비바리움의 제작이 달라진다.

비바리움을 제작할 때 대상 생물의 자연 속 서식 환경에 대해 깊이 이해하는 것이 가장 중요하다. 비바리움은 기본적으로 그 생태환경을 그대로 되살리는 것을 목표로 하고 있으며, 이 책에서는 각각의 환경을 '숲', '건조한 환경', '물가'로 나누어 비바리움을 소개한다. 하지만, 소개하는 환경 자체는 어디까지나 기본적인 기준이며 상황에 맞게 조성하는 것이 중요하다. 예를 들어 '숲'을 테마로 한 비바리움에도 물가를 설치해야 하는 종이 있다.

숲에 사는 생물의 비바리움

숲은 파충류와 양서류 대상의 비바리움에서 가장 선호하는 타입으로, 대상 생물의 종이나 비바리움의 폭이 매우 넓은 유형이다. 대상 생물은 입체적인 활동이 가능한 사육환경이 필요하며, 기본적으로는 높이가 있는 사육장을 사용한다.

➡ 자세한 내용은 41쪽에

건조한 환경에 사는 생물의 비바리움

이미지를 그려보자면 다소 건조하고 황량한 땅이다. 대체로 손쉽게 만들 수 있다.

➡ 자세한 내용은 87쪽에

물가에 사는 생물의 비바리움

개체가 건강하게 살 수 있도록 물가를 설치해야 하는 비바리움이다.

➡ 자세한 내용은 107쪽에

사육장 크기의 차이

▪ 기본적으로 사육장은 개체의 크기에 맞춘다.

비바리움을 제작하기 전에 고려해야 할 점이 있다. 바로 사육장의 크기다. 생물을 입양한 시기에 바로 비바리움을 시작하는 경우, 입양 시점에서 개체가 아직 어리다면 완전한 성체가 되었을 때의 크기를 고려해야 한다. 사육장은 생물의 크기에 맞춰야 하며, 만일 큰 개체라면 큰 사육장을 준비하고 집안에 그만한 공간적 여유가 있어야 한다.
다른 방법은 개체의 몸집이 작을 때는 그 크기에 맞는 사육장을 선택하고 성장에 맞추어 사육장을 교체하는 방법이 있다. 이런 경우 먹잇감인 귀뚜라미를 사육장 안에 풀어놓았을 때 생물이 먹이를 쉽게 찾을 수 있다는 장점이 있다.

크기가 큰 비바리움
리치도마뱀붙이는 큰 개체의 경우 길이가 40cm나 된다. 그 몸의 크기에 맞춰 이 책에서는 높이가 60cm인 대형 사육장을 사용한 비바리움을 소개한다.
➡ 사진 속 비바리움은 64쪽에

난이도의 차이

▪ 조금씩 단계를 높여 나간다.

파충류나 양서류를 건강하게 키우는 것이 목적이라면 아주 단순한 사육환경만으로도 충분하다. 비바리움은 사육자의 의도에 따라 좌우되며 절대적인 정답은 없다. 레이아웃용 아이템 수가 많고 공들여 작업하는 비바리움은 그만큼 많은 시간과 비용이 필요하다. 그러므로 처음부터 무리해서 만들려 하지 말고 점차 단계를 높여나가면 된다. 이 장에서는 비교적 단순한 비바리움과 난이도가 높은 비바리움을 모두 소개한다.

단순한 비바리움
사용하는 레이아웃용 아이템의 수가 적으면 비교적 손쉽게 제작할 수 있다.
➡ 사진 속 비바리움은 28쪽에

난이도가 높은 비바리움
레이아웃용 아이템을 많이 사용하고 뒤 패널을 직접 만들면 난이도가 높아진다.
➡ 사진 속 비바리움은 34쪽에

Theory 비바리움의 생물

지구에는 많은 파충류와 양서류가 있고 비바리움의 대상이 되는 종은 매우 다양하다.

파충류나 양서류의 종은 매우 다양하다.
여기서는 생물 분류별로 이 책에 실린 파충류와 양서류의 종을 소개한다.

■ 지구에는 많은 종의 파충류와 양서류가 있다.

일반적으로 지구상에는 1만 종 이상의 파충류, 6천 5백여 종 이상의 양서류가 있다고 한다. 그중에서 꽤 많은 수의 생물이 비바리움의 대상이 되며 기본적으로 가정에서 사육을 위한 종으로 유통되고 있다.
지금부터 이 책에서 소개하는 비바리움 대상 종을 생물 분류상의 '과' 별로 소개한다.

도마뱀붙이류

■ 비바리움 대상으로 인기가 많은 도마뱀붙이

도마뱀붙이는 파충류 도마뱀붙이과에 속하는 종을 통틀어 부르는 명칭이다. 약 650여 종의 개체가 있으며, 비바리움 대상 생물로 인기가 높다. 대부분 나무 위에서 사는 수상성(Arboreal)으로, 귀뚜라미 등의 곤충이 주식이다.

줄낮도마뱀붙이
도마뱀붙이과 낮도마뱀붙이속
➡ 자세한 내용은 28쪽에

리치도마뱀붙이
돌도마뱀붙이과 리치도마뱀붙이속
➡ 자세한 내용은 64쪽에

볏도마뱀붙이
돌도마뱀붙이과 볏도마뱀붙이속
➡ 자세한 내용은 60쪽에

보르네오 캣 게코
표범도마뱀붙이과 고양이도마뱀붙이속
➡ 자세한 내용은 68쪽에

MEMO
일본을 대표하는 도마뱀붙이

도마뱀붙이는 일본에도 여러 종류가 서식하고 있다. 그중에서도 도마뱀붙이(도마뱀붙이과 도마뱀붙이속)는 흔히 볼 수 있다. 한자로는 '수궁(守宮)'이라 쓰는데 예로부터 '집(궁)을 지키는 수호신'으로 여겼으며 길한 생물로 알려져 있다.

표범도마뱀붙이(레오파드 게코)
표범도마뱀붙이과 표범도마뱀붙이속
➡ 자세한 내용은 96쪽에

MEMO

도마뱀과 도마뱀붙이의 차이는 눈꺼풀

도마뱀과 도마뱀붙이는 종은 다르지만, 생김새가 매우 비슷하다. 그러면 반대로 어떤 점에서 차이가 있을까? 첫째, 도마뱀붙이는 주로 야행성이고 도마뱀은 대부분 주행성이다. 그리고 얼굴을 잘 보면 도마뱀붙이는 눈꺼풀이 없는 반면 도마뱀은 눈꺼풀이 있다. 다만 이것은 어디까지나 일반적인 구분일 뿐 예외도 존재한다. 예컨대 도마뱀붙이의 하나인 표범도마뱀붙이는 눈꺼풀을 가지고 있다.

도마뱀류

▪ 종의 수가 많고 멋진 개체도 있다.

지구에 서식하는 도마뱀은 도마뱀붙이보다 약 4천 5백여 종이 많다고 한다. 크기나 생태가 다양하며 마치 공룡 같은 '멋진 실루엣'을 지닌 종도 있다.

중부턱수염도마뱀(비어디 드래곤)
아가마과 턱수염도마뱀속
➡ 자세한 내용은 90쪽에

그란 카나리아 스킨크
도마뱀과 스킨크도마뱀속
➡ 자세한 내용은 100쪽에

다양한 파충류

베일드카멜레온
카멜레온과 카멜레온속
➡ 자세한 내용은 72쪽에

청대장
뱀과 뱀속
➡ 자세한 내용은 76쪽에

▪ 뱀과 카멜레온도 인기

도마뱀이나 도마뱀붙이 이외의 파충류 중에는 카멜레온이나 뱀도 비바리움의 대상 생물로 인기가 있다. 뱀은 땅 위에서 생활하는 지상성(Terrestrial), 나무 위에서 생활하는 수상성이 있는데 전자는 가로형의 후자는 세로형의 사육장이 좋다.

MEMO

일본에 서식하는 카멜레온은 없다.

뱀과 도마뱀, 도마뱀붙이 모두 일본의 자연환경에서 서식하고 있지만 카멜레온 종류는 없다고 한다.(한국에도 서식하는 카멜레온은 없다.)

개구리류

■ 종류가 매우 다양하다. 종에 맞춰 비바리움을 제작한다.

개구리류는 비바리움 대상의 양서류 중에 대표적인 생물이다. 종도 매우 다양하고 서식 환경도 각각 다르다. 비바리움을 만들 때 개구리라는 하나의 생물종으로 생각하지 말고 각각의 종에 맞춰 만드는 것이 중요하다.

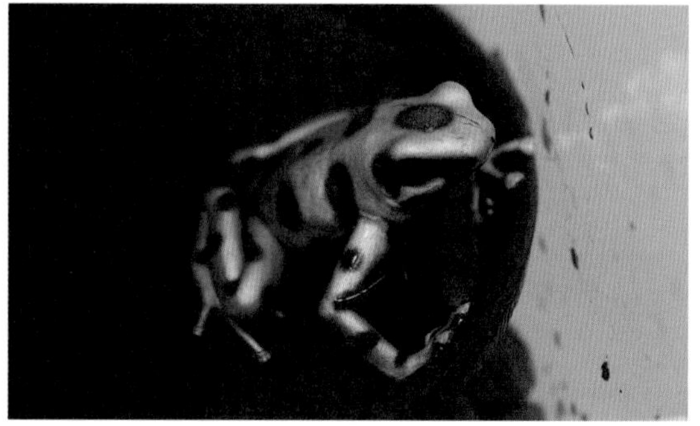

독화살개구리(종명 / 그린앤블랙 독화살개구리)
독화살개구리과 독화살개구리속
➡ 자세한 내용은 34쪽에

MEMO

독화살개구리는 종을 좀 더 세분화할 수 있다.

독화살개구리는 '독화살개구리과'에 속하는 종을 통틀어 부르는 명칭으로 여기서 다시 노란줄무늬독화살개구리나 삼색독화살개구리 등으로 종을 더욱 세분화할 수 있다. 몸의 크기와 색깔, 무늬 등이 종에 따라 다르지만, 중앙아메리카와 남아메리카 열대지방에 분포하며 독이 있을수록 색깔이 선명하고 화려하다는 공통점이 있다.

종명 / 빨간머리독개구리

종명 / 노란줄무늬독화살개구리
➡ 비바리움은 81쪽에

종명 / 삼색독개구리
➡ 비바리움은 81쪽에

빨간눈청개구리
청개구리과 빨간눈청개구리속
➡ 자세한 내용은 52쪽에

생물을 잘 관찰하자.

평소에는 잘 볼 수 없는 생물의 모습을 볼 수 있는 것도 비바리움이 지닌 매력 중 하나다. 가끔 개구리가 사육장 벽면에 달라붙을 때가 있어서 손바닥이나 배를 관찰할 수 있다.

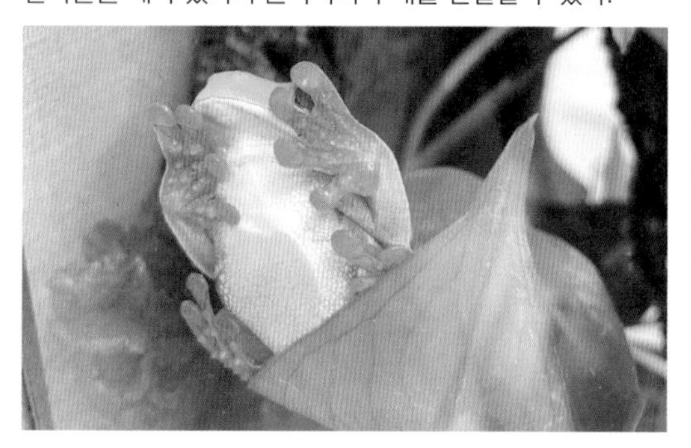

오스트레일리아청개구리(사진 속 몸 색깔 무늬는 눈송이)
청개구리과 청개구리속
➡ 자세한 내용은 56쪽에

미야코니스 토드(두꺼비)
두꺼비과 두꺼비속
➡ 자세한 내용은 118쪽에

영원류

■ 유체는 아가미 호흡을 한다.

영원류는 도마뱀과 유사하게 생겼지만 유체 시기에는 아가미로 호흡하며 살아가는 양서류다. 성체가 되면 폐와 피부로 호흡하는데 기본적으로는 물가 주변에서 서식하므로 비바리움에도 물가를 설치한다.

오키나와 칼꼬리영원
영원과 영원속
➡ 자세한 내용은 110쪽에

비바리움 대상이 되는 다양한 생물들

■ 희귀 파충류와 양서류는 사육 정보가 적다.

이 책에서는 거들테일 아르마딜로 도마뱀의 비바리움도 소개한다. 사육 가정이 많지 않은 생물은 나름의 개성과 사육에서 오는 기쁨도 크지만 개체의 건강을 유지하는 데 필요한 정보가 적다는 점도 알아두자.

아르마딜로 도마뱀
(104쪽)

NG 거북류는 적합하지 않다.

가정에서 사육하는 인기 파충류 중에는 거북도 포함된다. 다만 거북류는 땅 표면에 힘을 주고 이동하는 종이 많아 모처럼 제작한 비바리움이 바로 훼손될 수 있다. NG라고 하면 좀 지나칠 수도 있지만 거북류는 비바리움에 적합한 생물은 아니다.

MEMO

모프(Morph)는 색과 모양 등 확립된 개체의 특징

파충류와 양서류의 세계에는 '모프'라는 말이 있는데 다소 생소하여 사람마다 받아들이는 뉘앙스가 다를 수 있다. 하지만, 이 말은 기본적으로 생물의 색깔이나 모양 등 인공 교배를 통해 하나의 유형으로 확립된 개체의 특징을 가리킨다. 특히 표범도마뱀붙이나 중부턱수염도마뱀은 다양한 모프가 있다.
➡ 표범도마뱀붙이의 모프는 106쪽에

Theory 비바리움을 제작하는 마음가짐

사육하는 파충류나 양서류를 이해하고 그 자연환경을 재현한다.

비바리움 제작을 시작하기 전에 먼저 기본에 관해 이야기한다면, 가장 중요한 건 생물과 자연환경을 깊이 이해하는 것이다.

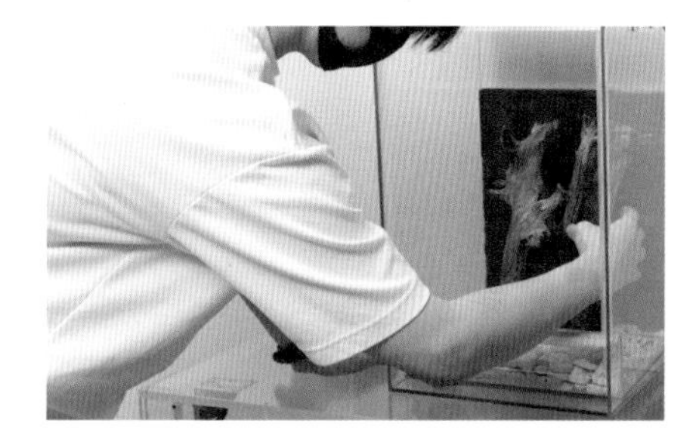

■ 포인트를 파악하면 순조롭게 작업할 수 있다.

단순한 비바리움은 제작하는데 30분 정도밖에 걸리지 않는다. 파충류나 양서류를 사랑하는 마음이라면 누구나 즐길 수 있으며 포인트를 잘 파악하면 보다 순조롭게 작업을 진행할 수 있다.

또한, 비바리움을 제작할 때 금기사항이 있으므로 사전에 그 점을 잘 알아두는 것도 중요하다.

매력적인 비바리움 제작을 위한 힌트

■ 사육하는 생물을 이해한다.

비바리움을 제작할 때 가장 중요한 점은 그 비바리움에서 사육할 파충류와 양서류에 대해 이해하는 것이다.

'건강하게 살 수 있는 온도와 습도', '평소 활동하는 장소', '성체가 되었을 때의 크기', '활동 시간대나 활동량' 등은 꼭 알아두어야 할 포인트다. 상황에 따라서는 이 정보에 맞춰 레이아웃을 하기도 한다.

■ 자연환경을 파악한다.

사육하는 파충류나 양서류에 관해 알아보았다면 그 종이 서식하는 생태환경에 대해서도 이해하는 시간을 갖는다.

비바리움의 기본 목적은 그 생물이 서식하는 생태환경을 가능한 한 그대로 표현하는 것이다. 이 작업이 잘 이루어지면 위화감이 없고 관상의 가치가 높은 비바리움을 완성할 수 있으며, 무엇보다도 생물이 스트레스 없이 살아갈 수 있다.

■ 다양한 비바리움을 감상한다.

다른 애호가가 제작한 비바리움을 보면 자신의 비바리움 완성도를 높이는데 도움이 된다. 멋지게 느껴지는 비바리움이 있다면 구체적으로 어떤 부분이 그렇게 느껴지는지 생각해보고, 필요에 따라서는 자신의 비바리움에 적용해 볼 수도 있다.

비바리움을 제작할 때 주의할 점

■ 평소에도 관찰하기 쉽게 배치한다.

비바리움을 제작할 때 가장 먼저 주의해야 할 부분은 바로 안정성이다. 설치를 마친 레이아웃용 아이템이 무너지면 사랑스러운 생물이 깔릴 수 있다. 비바리움을 완성하고 나면 생물을 넣기 전에 안정성을 철저하게 확인한다.
그리고 그 종의 특성이나 개체의 성격을 고려하여 물에 빠지거나 틈새에 끼이지 않도록 배치하는 것 역시 중요하다.
또 한 가지, 관찰의 용이성도 중요한 요소다. 비바리움을 너무 복잡하게 만들어 그늘지고 가리는 부분이 많으면 생물을 찾기 어려워 건강 상태를 확인할 수가 없다.

NG 인테리어에 치중한 식물 배치는 삼가한다.

식물은 비바리움을 장식하는 중요한 아이템이지만, 생물이 먹으면 해로운 종류가 있으므로 주의한다. 예컨대, 스킨답서스는 독성이 있는 식물로 알려져 있다. 일단 식물이 독성을 가졌는지 파악하고 독성이 있더라도 생물이 잘못 섭취할 가능성이 없으면 사육장 안에 두어도 괜찮다. 또한 중부턱수염도마뱀처럼 잡식성 개체는 인공식물도 삼킬 수가 있다. 식물에 대해서도 잘 알아보고 자신에게 맞는 것을 선택하도록 한다.

순조로운 작업 진행을 위한 힌트

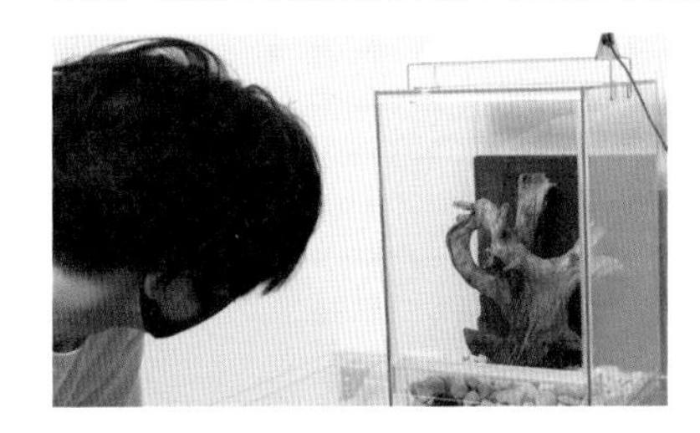

■ 사전에 비바리움의 완성 이미지를 상상해 본다.

원활한 비바리움 제작을 위해 고려해야 할 포인트 중 하나는 작업에 들어가기 전 먼저 완성 이미지를 어느 정도 확실히 그려 놓는 것이다. 무언가를 만드는 작업에서 중요한 점은 역시 계획성이다.
준비한 레이아웃용 아이템을 실제로 사육장 안에 놓아보고 확인하는 것도 이미지를 명확히 하는 효과적인 방법이다.

■ 그때그때 상황에 맞게 일을 처리한다.

비바리움은 기본적으로 '토대 → 골격 → 세부' 순서로 만들면 큰 무리 없이 진행할 수 있지만 그렇다고 그 절차를 지나치게 고집할 필요는 없다. 하지만 토대가 되는 바닥재를 먼저 깔면 나중에 배치하는 식물을 위해 일정 공간을 파야 할 수도 있다. 그리고 사전에 완성 단계의 형태를 상상해 보는 것도 중요하지만 실제로 보았을 때 원하는 이미지와 차이가 있어 조정이 필요한 경우도 있다. 그때그때 상황에 맞춰 대응하는 것도 중요하다.

작업을 쉽게 할 수 있게 환경을 만들고 시작한다.

기본적으로 시중에서 판매하는 사육장의 문은 열릴 뿐 아니라, 떼어낼 수도 있다. 문을 떼어내는 편이 작업에 도움이 된다면 우선 문을 떼고 비바리움 제작에 착수한다. 또한 가시광선 램프를 설치할 경우 이것을 먼저 설치하면 밝은 환경에서 작업할 수 있다는 장점이 있다.

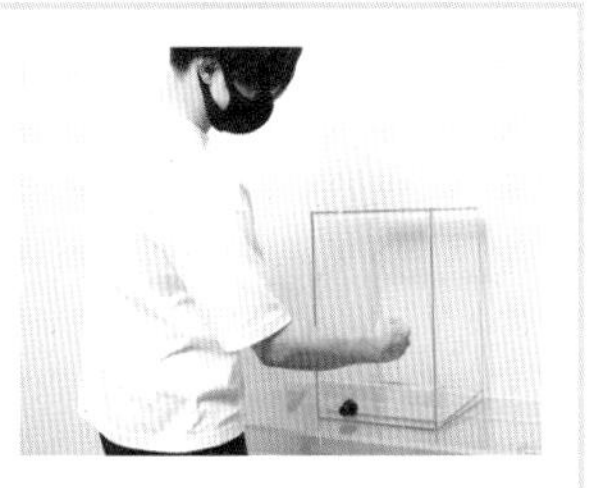

Theory 필요 아이템

사육장과 바닥재, 골격이 되는 큰 아이템과 사육장 안에 배치할 식물이 필요하다.

비바리움에 필요한 아이템은 카테고리별로 생각하면 손쉽게 준비할 수 있다.
또한 건강 유지에 필요한 요소도 잊지 말자.

■ 물그릇과 은신처도 미적 고려를 하자.

여기서는 비바리움에 필요한 아이템을 소개한다. 기본적인 작업 방식으로는 우선 사육 공간인 사육장이 필요하고 바닥에 까는 바닥재나 유목 등의 기본 골격 아이템을 준비해야 한다. 그런 다음 식물을 배치하거나 돋보이기 위한 레이아웃용 아이템을 설치한다.

상황에 따라 생물의 건강 유지를 위한 물그릇과 은신처도 필요한데 이 역시 전체적인 아름다움을 해쳐서는 안된다.

사육장

■ 비바리움 제작은 사육장 선택에서부터 시작된다.

사육장은 생물이 이동할 수 있는 범위를 제한하는 바구니나 우리를 가리킨다. 크기와 모양이 다양하고 편리한 기능을 가진 제품도 있다. 비바리움 제작은 사육장 선택에서부터 시작된다고 해도 좋을 것이다.

사육장을 선택할 때 고려해야 할 요소

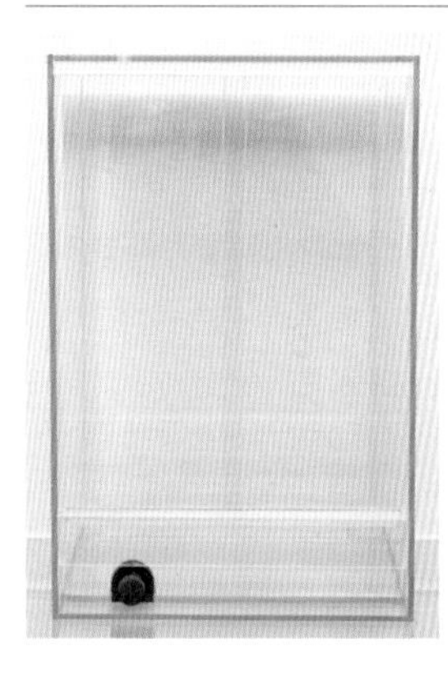

[사이즈]

대상 생물의 크기에 맞추는 것이 기본으로, 성장에 따른 크기 변화를 고려해야 한다. 한편, 이 책에서 소개하는 비바리움은 사육장의 크기를 표기하고 있다.

독화살개구리에 사용한 사육장, 높이 약 40cm

➡ 비바리움은 34쪽에

[형태]

세로로 긴 것과 가로로 긴 것으로 나뉜다. 나무에 오르지 않는 성질의 개체는 가로로 긴 형태가 적합하다.

미야코니스 토드(두꺼비)에 사용한 가로가 긴 사육장

➡ 비바리움은 118쪽에

[소재]

일반적으로 투명도와 강도가 높은 유리 제품을 사용한다. 또한, 금속제 메시(그물망) 소재가 있는데 이것은 통기성이 뛰어난 장점이 있다.

베일드카멜레온에 사용한 메시 소재의 사육장

➡ 비바리움은 72쪽에

[부속품]

부속품도 사육장을 선택하는 하나의 요소다. 예컨대 관상 가치가 높은 백 패널이 포함된 제품도 있다.

청대장에 사용한 사육장, 백 패널 포함

➡ 비바리움은 76쪽에

바닥재

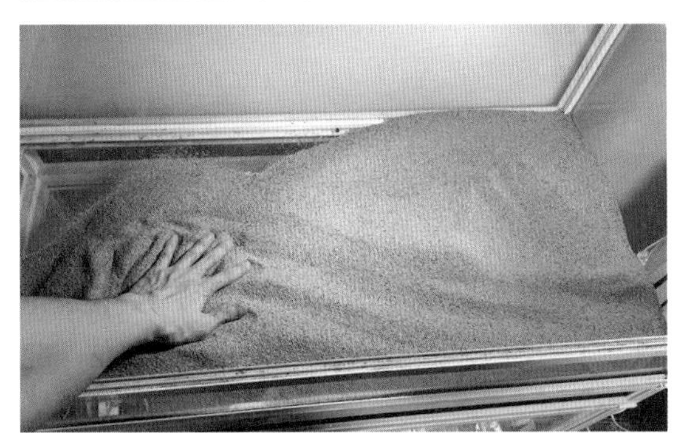

■ 경석 등의 원예용 소재도 사용 가능

사육장 바닥에 까는 바닥재도 종류가 다양하고 각각에 특징이 있다. 파충류와 양서류 사육용 외에도 원예용 제품도 사용할 수 있다.

주요 바닥재의 종류

	특징
경석	자연에서 가져온 가벼운 암석. 비바리움의 배수성을 높이기 위해 가장 밑바닥에 깐다.
적옥토	화산토에서 붉은 흙을 채취해 건조시킨 것으로, 원예 용품으로도 인기가 있다. 알갱이 형태로 배수성이 뛰어나다.
바닥재용 모래	자연의 모래 외에 식물 소재를 모래 형태로 잘게 부순 것도 있다. 건조한 곳에 생활하는 생물에게 잘 맞는다.
소일	자연의 흙을 알갱이 형태로 굳힌 것. 다양한 제품이 시중에 판매되고 있으며 탈취 효과가 높은 제품도 있다.
우드 칩	천연 나무를 잘게 부순 것. 소나무 껍질을 부순 '파인바크' 등 소재도 선택할 수 있다.
펫시트	개를 포함해 애완동물 화장실로 사용하는 인공 흡수 시트다. 구입이 쉽고, 교체도 간단하다.

골격이 되는 아이템

■ 유목과 코르크가 인기 아이템

'골격이 되는 아이템'이란 그 비바리움의 제작 방향을 결정짓는 크고 존재감 있는 아이템이다. 유목이 인기 있으며 코르크 튜브도 자주 사용한다. 덧붙이자면, 코르크는 참나무과 상록수인 코르크나무(Quercus Suber) 껍질의 코르크 조직을 박리해 가공한 탄력성이 뛰어난 소재를 일컫는 명칭이다.

골격으로 사용하는 코르크의 종류

	특징
코르크 튜브	속이 비어 있는 코르크의 굵은 줄기와 가지
코르크 가지	코르크의 가지
코르크 껍질	코르크의 껍질

사육장의 크기나 식물의 크기에 따라 관엽식물도 골격으로 생각할 수 있다.

➡ 자세한 내용은 56쪽에

Check!

상황에 따라 여러 방법을 활용한다.

골격을 선택할 때 중요 포인트는 자신의 이미지에 맞는 아이템을 얼마나 찾아 손에 넣을 수 있느냐다. 단, 자연의 재료를 써야 하므로 쉽게 찾지 못할 수도 있다. 사이즈가 맞지 않으면 직접 잘라 사용하는 등 상황에 따라 다양한 방법을 활용한다.

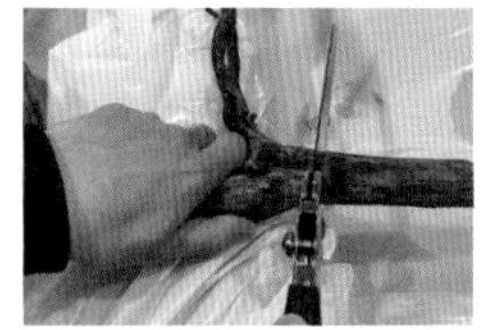

레이아웃용 아이템 / 식물

▪관엽식물과 이끼로 완성도를 높인다.

비바리움을 '아름답고 매력적인 공간'으로 보았을 때 그 색채적인 요소와 포인트 역할을 담당하는 존재가 바로 식물이다.

관엽식물이나 이끼를 레이아웃하면 완성도가 더욱 높아진다. 최근에는 아름다운 인공식물도 많이 판매되므로 이를 사용하는 것도 좋은 방법이다.

또한 마치 새에게 횃대가 필요한 것처럼 종에 따라서는 건강한 생활을 유지하는데 필요하며 이런 경우 식물이 필수적이다.

사육용 아이템 / 물그릇

▪물그릇도 자신의 이미지에 맞는 것을 선택한다.

지구상의 모든 생물에게 물은 반드시 필요하며 파충류와 양서류도 예외는 아니다. 그래서 비바리움에는 개체의 수분 공급을 위해 물그릇을 설치한다. 모처럼 사육장 내부를 아름답게 꾸미고 싶다면 물그릇도 자신의 이미지에 맞는 제품을 선택하도록 하자.

Check!

분무기로 충분히 대응할 수 있다.

모든 비바리움에 물그릇이 반드시 있어야 할까? 꼭 그렇지는 않다.

수분을 공급하는 방법으로, 첫 번째 사육장 바닥의 높낮이 차이를 두고 낮은 곳에 물을 채우는 유형의 비바리움이 있다. 이 책에서는 110쪽의 오키나와 칼꼬리영원의 비바리움이 이 유형에 속한다.

두 번째는 분무기로 수분을 보충해 주고 개체가 식물의 잎 등에 맺힌 물방울을 먹게 하는 방법이 있다. 자연환경에서는 이와 같은 형태로 살아가는 종이 있기 때문에 모처럼 물그릇을 마련해도 물을 마시지 않을 수 있다.

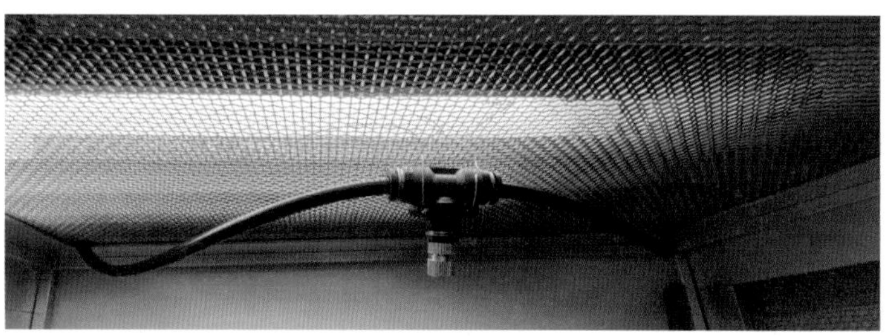

규칙적으로 자동 분무해 주는 미스팅 시스템도 시중에 판매되고 있다.

미스트의 미세 정도를 조절하는 등 다양한 기능을 지닌 파충류와 양서류 사육용 분무기도 있다.

사육용 아이템 / 은신처

판매용 은신처. 다양한 유형의 제품이 있으므로 신중히 생각한 후 결정한다.

PVC 관을 활용해 직접 은신처를 만들었다. 은신처도 여러 시도를 해볼 필요가 있다.

➡ 자세한 내용은 76쪽에

▪ 은신처도 디자인을 고려한다.

생물이 자기 몸을 숨길 수 있는 곳을 은신처라 한다. 개체의 스트레스를 줄이기 위해 종에 따라서는 은신처가 필요하다. 이것도 물그릇과 마찬가지로 디자인을 고려해 선택하는 것이 좋다.

사육용 아이템 / 램프류

▪ 상황에 맞게 설치한다.

비바리움에 주로 사용하는 램프는 '가시광선 램프', '적외선 램프', 'UV 램프' 이 세 종류가 있다. 종에 따라 필요한 램프가 다르므로 상황에 맞춰 설치한다.

비바리움에 사용하는 주요 램프의 종류

	특징
가시광선 램프	방의 등과 마찬가지로 사육자가 사육장 내부를 쉽게 볼 수 있는 조명이다.
적외선 램프	사육장 내부의 온도를 높이기 위한 조명. 특히 기온이 높은 지역에 서식하는 종에 필요하다.
UV 램프	자외선을 방사하는 조명. 특히 햇살이 강한 지역에 사는 주행성 종에 필요하다.

Check!

온도 관리 방법

겨울에는 추위에 대비해 사육장 내부 온도를 특별히 관리해야 한다. 일반적으로 적외선 램프 외에도 사육장 전체를 따뜻하게 하기 위해 히터를 사용한다. 또 집에 사육장이 아닌 사육용 방을 두고 따로 관리하는 방법도 있다.

기타 아이템

▪ 접착제 등의 작업용 아이템도 꼼꼼히 준비한다.

이 책에서 소개하는 비바리움 중에는 백 패널의 베이스로 사용하는 플로럴 폼이나 레이아웃용 아이템을 고정하고 미관을 더욱 향상시키는 제올라이트 배합 조형재(대용품으로 아트소일(퍼티), 붙이는 흙 등을 활용)를 사용하기도 한다. 또한 접착제처럼 비바리움을 만드는 과정에 필요한 재료도 있다. 이것 역시 작업을 시작하기 전에 빠짐없이 준비한다.

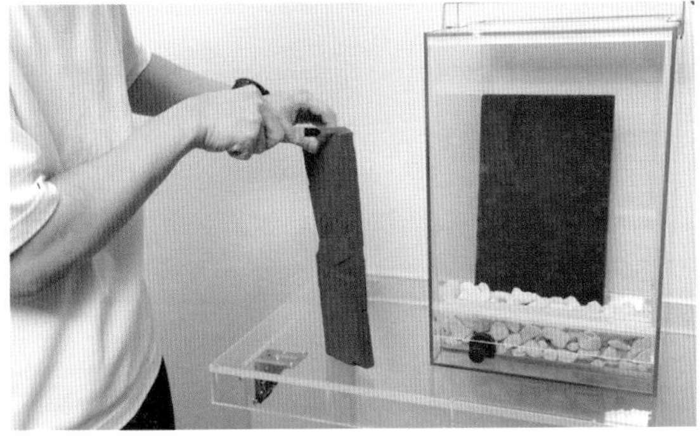

플로럴 폼은 꽃꽂이에 자주 사용한다. '오아시스'나 '원예용 흡수 스펀지' 등의 용어로 찾으면 쉽게 찾을 수 있다.

제올라이트를 배합한 조형재(아트소일(퍼티), 붙이는 흙 등 활용)는 분말이므로 물을 섞어서 사용한다. 물을 섞으면 질감이 점토와 같아서 자유롭게 모양을 만들 수 있다. 마르면 굳기 때문에 아이템의 접착제로도 사용할 수 있다.

Theory 유지 보수와 사육의 포인트

비바리움은 한번 만들었다고 끝이 아니며, 식물 관리 등 지속적인 유지 보수가 필요하다.

비바리움의 제작은 즐겁다. 하지만 그것은 시작에 불과하며, 미관과 생물의 건강 유지를 위해 지식도 습득하도록 하자.

▪ 자라난 식물은 깔끔하게 정리한다.

이 책에서는 완성한 비바리움의 유지, 보수와 사육 포인트를 각각의 테마 다시 말해 숲, 건조한 환경, 물가 이 세 분야로 나누어 소개한다.

여기서는 각 분야에 필요한 공통 요령과 주의 사항을 사진과 함께 소개한다. 예컨대, 식물이 자라 기본 형태가 흐트러지면 잘라서 정돈해 준다.

➡ 숲 비바리움의 유지 보수와 사육 포인트는 51쪽에
➡ 건조한 환경 비바리움의 유지 보수와 사육 포인트는 95쪽에
➡ 물가 비바리움의 유지 보수와 사육 포인트는 117쪽에

유지 보수의 포인트 / 식물 관리

▪ 시들어버린 식물은 다른 것으로 교체한다.

파충류, 양서류와 마찬가지로 식물도 살아서 계속 성장한다. 성장하여 형태가 많이 흐트러지면 가지치기용 가위를 이용해 잘라준다.

이 책에서 소개하는 비바리움은 환경에 맞는 식물을 사용하지만, 일조시간이나 뿌리 성장에 문제가 생기면 시들기도 한다. 이런 경우 다른 식물을 다시 심거나 생물이 삼킬 우려가 없다면 인공식물로 변경한다.

유지 보수의 포인트 / 바닥에 고인 물 버리기

▪ 사육장 바닥의 물은 사이펀의 원리를 이용해 배수한다.

생물의 수분 공급과 사육장 내부의 습도 관리를 위해 분무기를 사용하면 사육장 바닥에 물이 고인다. 사육장 내부의 청결 상태를 유지하려면 고인 물을 빼주는 것이 기본이다. 배수 방법은 스포이트를 사용하거나 사이펀의 원리를 이용하는 방법이 있다.

사이펀의 원리를 이용한 배수 방법

에어 호스를 준비한다. 호스는 인터넷이나 수족관 등에서 구입할 수 있다.

호스 속을 물로 채운 후 한쪽을 사육장 내부 물이 고인 곳에 설치한다.

MEMO

사이펀의 원리란?

쉽게 말해 사이펀의 원리란 위치가 높은(입수구) 지점과 위치가 낮은(출수구) 지점을 관으로 연결하여 물을 흘려보내는 것으로 관이 물로 채워져 있으면 중간에 입수 지점보다 높은 지점을 만나도 펌프의 도움 없이 물이 계속 흐르는 구조를 말한다.

유지 보수 포인트 / 청결한 환경 유지

▪ 작은 곤충은 발견하는 즉시 제거한다.

위생적인 면에서 보면, 비바리움은 대부분 흙이나 식물을 사용하기 때문에 작은 곤충 특히 날파리(초파리)가 생기기 쉽다. 사랑스러운 파충류와 양서류에 미칠 영향을 생각하면 살충제를 사용하면 안된다. 그렇다고 그대로 두면 초파리가 빠르게 번식할 수 있으므로 발견하는 즉시 신속하게 제거하도록 한다.

Check!

곤충이 생기지 않게 예방하는 방법

자연환경에서 가져온 유목과 식물, 이끼 등에는 작은 벌레나 세균 등이 붙어 있을 가능성이 높다. 유목이나 바위 등은 뜨거운 물에 끓여 소독하거나 전자레인지에 넣고 돌려준다. 번거로워도 식물이나 이끼를 잘 씻어두는 등 미리 처리를 하면 곤충 발생을 예방할 수 있다.
직접 산이나 들을 찾아 이미지에 맞는 아이템을 찾는 것도 비바리움을 제작하는 즐거움일 수 있지만 작은 곤충이나 세균이 딸려 올 수 있다는 점을 염두에 두고 사전에 처리를 해둔다.

사육 포인트 / 먹이를 주는 방법

▪ 귀뚜라미를 주는 세 가지 방법

사육하는 양서류와 파충류의 먹이에는 다양한 종류가 있지만 가장 인기 있는 건 뭐니 뭐니 해도 귀뚜라미다. 귀뚜라미를 줄 때는 핀셋을 사용하는 등 세 가지 방법을 이용한다.

핀셋으로 준다.
먹이를 잡아먹는 모습을 가까이에서 볼 수 있고 개체와 소통도 할 수 있다. 다만 개체가 익숙해질 때까지 시간이 필요하다.

살아있는 귀뚜라미를 사육장 안에 풀어놓는다.
사육자의 수고가 적고 자연환경에 가까운 먹이활동 방법이다. 하지만 먹다 남은 귀뚜라미를 처리해야 하는 번거로움이 있다.

먹이 그릇을 사용한다.
냉동 귀뚜라미 등 먹이를 그릇에 놓아두고 개체 스스로 타이밍에 맞춰 먹게 하는 방법도 있다.

여러 방법을 활용한다.

귀뚜라미를 먹이로 주는 경우 영양소를 고려해 파충류용 칼슘이나 비타민 등의 파우더를 묻혀서 주면 더욱 건강하게 자란다. 이때 귀뚜라미의 뒷다리는 소화가 잘 안되므로 떼어낸 후 주는 방법도 있다. 떼는 방법은 간단하다. 뒷다리의 굵은 부분을 핀셋 혹은 손가락으로 잡고 힘을 주어 당기면, 이를 감지한 귀뚜라미가 위험을 피하기 위해 스스로 뒷다리를 떼어낸다.

Theory & Layout ▸ 01 제작 포인트와 실제 사례(줄낮도마뱀붙이)

작은 파충류를 아름다운 환경에서 감상할 수 있는 심플한 소형 비바리움

비바리움의 기초를 이해했다면 이제는 제작에 들어가 보자.
먼저, 손쉽게 제작할 수 있는 소형 작품을 소개한다.

Close Up

나무의 뿌리와 비슷한 유목을 골격으로 사용

조금 왼쪽 정면에서 본 모습. 전체적인 균형을 고려해 관엽식물은 하나만 설치

■ 크기가 작고 아이템이 적어 10분 정도면 제작할 수 있다.

크기가 작아 입문자도 쉽게 시작할 수 있는 비바리움이다. 대상 생물인 줄낮도마뱀붙이는 소형~중형에 속하는 파충류로 큰 개체는 전체 길이가 약 15cm다. 그 크기를 고려해 이 비바리움은 가로 22cm × 세로 22cm × 높이 33cm의 작은 사육장을 사용했다. 또한 유목이나 식물 등 레이아웃용 아이템도 많지 않아 작업 자체는 익숙해지면 약 10분, 처음이라도 30분 정도면 제작이 가능할 것이다. 멋진 비바리움을 완성하기 위한 중요 포인트는 나뭇가지를 배치하는 것이다. 어느 정도 세월의 흐름을 느낄 수 있는 나무를 고르는 것도 하나의 방법이다.

같은 환경에서 사육할 수 있는 다른 생물

- 도마뱀붙이
- 독화살개구리
- 청개구리

※ 기타 소형 도마뱀붙이나 개구리류 등

포인트

▪ 소형 사육장을 준비한다.

생물의 크기에 맞춰 사육장은 소형을 선택한다. 큰 사육장에 비해서 비바리움을 만들기 쉽고 유지 보수도 편리하다는 장점이 있다.

▪ 나뭇가지로 완성도를 높인다.

먼저 바닥재 표면에 이끼를 깔고 그곳에 부러진 나뭇가지를 꽂거나 옆으로 눕혀 좀 더 자연환경에 가까운 이미지를 만든다. 이때 굵은 가지는 이끼에 박힌 것처럼 설치하여 마치 땅 위로 떨어진 가지를 피해 이끼가 자라난 것처럼 표현한다.

줄낮도마뱀붙이 알아보기

▪ 도마뱀붙이류 중에 소수파인 주행성

이름을 보아도 알 수 있듯 줄낮도마뱀붙이는 주로 해가 떠 있는 낮에 활동한다. 여러 종이 있지만 줄낮도마뱀붙이는 몸통 옆쪽으로 나 있는 검붉은 줄(라인)이 특징이며 아프리카 동남부에 자리한 마다가스카르섬에서 서식한다. 이 섬은 지역에 따라 기후가 다르며 줄낮도마뱀붙이는 온난 혹은 기온이 높은 기후를 좋아한다고 한다.

도마뱀붙이류는 야행성이 많지만 줄낮도마뱀붙이는 주행성이어서 낮 동안에 활발하게 움직인다. 다소 경계심이 강하지만 환경에 익숙해지고 그늘에 숨어지내는 시간이 줄어들면 아름다운 모습을 관찰할 수 있을 것이다.

[생물 데이터]

- **생물분류** / 파충류, 도마뱀붙이과 낮도마뱀붙이속
- **전체 길이** / 약 10~15cm
- **수명** / 5~10년 정도
- **식성** / 육식성(주로 귀뚜라미 등의 곤충식)
- **생김새와 특징** / 몸은 선명한 녹색이고 몸 옆쪽에 검붉은 선이 있다.
- **사육 포인트** / 대부분의 파충류와 마찬가지로 추운 시기에는 사육장 안의 온도가 떨어지지 않도록 온도 관리에 주의해야 한다. 1년 내내 온도는 20~30°, 습도는 60~80%를 유지해야 한다.
  한편, 동작이 재빠르므로 탈주 위험성에도 주의한다. 먹이는 귀뚜라미 등 살아있는 곤충(또는 냉동 곤충) 외에도 곤충 젤리나 볏도마뱀붙이용 사료를 주로 먹는다.

준비

[사육장과 조명]

사육장 ▶ 사이즈 가로 21.5㎝ X 세로(폭) 21.5㎝ X 높이 33.0㎝ / 유리제품

조명 ▶ UV 램프

[레이아웃용 아이템]

바닥재 ▶ 경석 / 우드 칩 (파인바크 : 소나무 껍질)

골격 ▶ 유목 / 나뭇가지

식물 ▶ 관엽식물(소형 1종) / 이끼(털깃털이끼)

[사육용 아이템]

물그릇 ▶ 파충류용 물그릇

▪ 나무의 뿌리를 연상시키는 유목 사용

특히 골격 아이템인 유목이 중요 포인트다. 여기서는 나무뿌리처럼 생긴 유목을 선택했다.

심플한 비바리움 제작을 위한 준비

▪ 큰 생물은 더 많은 주의가 필요하다.

"자, 비바리움에 도전해 볼까?"라고 생각하는 입문자 중에는 대상 생물의 몸집이 큰 경우도 있을 것이다. 이런 경우 레이아웃용 아이템을 제한하고 단순하게 구성하는 게 좋다. 그리고 비바리움 사육장은 개체의 크기에 적합한 것을 골라야 하므로 큰 사이즈의 비바리움과 아이템을 사용하게 된다. 몸집이 큰 개체는 힘이 세고 큰 아이템은 무겁기 때문에 레이아웃 아이템을 좀 더 단단히 고정해야 한다.

사이즈가 큰 비바리움은 더욱 주의를 기울여야 한다.

▪ 레이아웃용 아이템은 형태에 크게 좌우된다.

비바리움 제작 시 레이아웃용 아이템의 위치, 사용하는 아이템의 모양과 색상이 완성도를 크게 좌우한다. 특히 여기서 소개하는 줄낮도마뱀붙이의 비바리움처럼 레이아웃용 아이템이 적으면 아이템 자체의 중요도가 올라간다.

유목이나 코르크는 파충류 숍을 비롯해 인터넷 쇼핑몰에서 구할 수 있고 유목만 취급하는 전문점도 있으므로 자신이 생각하는 이미지의 유목을 구하여 사용한다.

MEMO

무리하게 한번에 바꾸지 않고 가능한 것부터 시작한다.

비바리움을 제작할 때 무리하지 않고 쉽게 할 수 있는 것부터 시작하겠다는 마음이 중요하다. 예를 들어, 바닥재로 펫시트를 사용했는데 그것을 우드 칩으로 바꾸기만 해도 분위기는 달라진다.

또한 비바리움은 생물의 건강한 생활이 전제되어야 하는 작업으로, 다른 사람과 결과물을 비교하며 경쟁하는 대상이 아님을 명심하자.

순서

순서① 바닥재를 깐다.

① 완성된 모습을 생각한다.
사육장을 앞에 놓고 완성 단계의 모습을 상상한다.

② 경석을 깐다.
사육장 바닥 전체에 경석을 고르게 깐다.

③ 우드 칩을 덮는다.
경석 위에 우드 칩을 고르게 덮어 메운다.

순서② 이끼와 물그릇을 설치한다.

① 이끼를 얹는다.
우드 칩 위에 이끼를 얹는다. 이로써 밑에서부터 경석 → 우드 칩 → 이끼 순으로 3층이 되었다.

② 물그릇을 설치한다.
물그릇을 놓는다. 물그릇의 위치는 사육장 안의 구석을 선택했다.

심플한 비바리움을 제작하는 방법

▪ 완성된 형태를 생각하지 않으면 두 번 작업할 수 있다.

비바리움을 제작할 때 반드시 작업 전에 자신이 생각하는 비바리움의 이미지를 확실히 구상하는 것이 중요하다. 이것은 심플한 비바리움에만 해당하는 이야기는 아니지만 입문자라면 특별히 기억하길 바란다.

그 이유는 구상된 이미지가 명확해야 효율적으로 작업을 진행할 수 있기 때문이다. 예를 들어, 오른쪽 비바리움에서는 물그릇을 설치했는데 그 공간에는 이끼를 깔지 않았다. 물그릇을 놓겠다는 구상을 하고 작업을 했기 때문에 이끼를 깔지 않은 것이다.

물론 그때그때 상황에 맞춰 대처하는 것도 중요하지만 너무 계획 없이 진행하다 보면 비바리움 제작이 점점 힘들다고 느껴져 즐거움을 잃고 만다.

사전에 구상이 명확하지 않았다면 한번 깐 이끼를 제거하는 수고를 겪게 되었을 것이다.

순서③ 골격을 만든다.

① **유목을 설치한다.**

골격이 되는 유목을 설치한 다음 안정성을 꼼꼼하게 확인한다.

Check!

유목과 식물의 방향을 고려한다.

유목이나 식물에는 우리 인간과 마찬가지로 얼굴이 있다. 다시 말해 가장 보기 좋은 방향을 말하는 것으로, 하나의 유목도 앞면과 뒷면이 주는 인상이 전혀 다를 수 있다. 유목이나 식물을 세팅할 때는 여러 각도에서 관찰하고 가장 좋은 방향을 찾도록 하자.

순서④ 식물을 배치한다.

① **식물을 배치한다.**

주요 레이아웃용 아이템인 관엽식물의 자리를 잡는다.

MEMO

관엽식물은 마트 등에서도
구입할 수 있다.

관엽식물은 꽃집뿐 아니라 마트 등에서도 종종 판매한다.

심플한 비바리움의 레이아웃 요령

▪ 자연환경을 생각하며 아이템을 배치한다.

레이아웃용 아이템을 배치할 장소를 결정하기는 쉽지 않다. 특히 심플한 비바리움은 다른 아이템으로 보완할 수 없기 때문에 고민이 될 것이다. 특히 배치할 장소를 결정하는 키워드 중 하나는 '위화감을 주지 않는 자연과 가장 유사한 환경'이다. 즉 자연스러워야 하는 것이다. 이 줄낮도마뱀붙이의 비바리움은 자연환경에서 볼 수 있는 '나무(유목)와 초록 잎'의 조합을 고려해 작업했다.

유목의 가지와 잎이 서로 얽히게 배치한다.

순서⑤ 아이템을 설치하여 완성한다.

① 가는 나뭇가지를 놓는다.

지금부터는 완성도를 더 높이기 위한 작업이다. 관엽식물 앞쪽에 가는 나뭇가지를 놓는다.

➡ 완성된 비바리움은 28쪽에

①→② 굵은 나뭇가지를 놓고 마무리한다.

굵은 나뭇가지를 설치한다. 전체적인 균형과 아이템의 안정성을 확인하고 필요에 따라 조정하면 완성이다.

심플한 비바리움 마무리하기

▪ 문을 닫을 때 생물이 끼지 않도록 주의한다.

비바리움 제작에서 가장 중요하게 생각해야 할 것은 생물의 안전이다. 이 소형 비바리움은 규모가 작아 붕괴 우려가 크지 않지만 그래도 생물을 넣기 전에 설치한 아이템이 단단히 고정되어 있는지 확인한다. 또한 생물을 넣을 때는 도망치거나 문을 닫을 때 끼는 일이 없도록 주의한다.

비바리움은 한번 제작했다고 그것으로 끝이 아니다. 아쉬움이 남는다면 나중에 식물이나 나뭇가지를 추가할 수도 있다.

유지 보수와 사육 포인트

[유지 보수 포인트]

• 위생을 위한 유지 보수

줄낮도마뱀붙이의 비바리움은 2장에서 소개되는 '숲에 서식하는 생물의 비바리움'에 속한다. 배설물을 핀셋으로 집어 처리하는 등 숲 비바리움의 유지 보수(51쪽)와 동일하다.

[사육 포인트]

• 생물의 수분 공급과 습도 관리

사육 포인트도 숲 비바리움(51쪽)과 동일하다. 이 비바리움에는 물그릇을 설치했는데 생물의 수분 공급과 사육장 내 습도 유지를 위해서는 하루에 1~2번씩 분무한다.

Theory & Layout ▸ 02 제작 포인트와 사례(독화살개구리)

다양한 아이템을 이용해 공들여 완성하는 개성 넘치는 비바리움

이번에는 사육자가 심혈을 기울여 제작한 독화살개구리의 비바리움을 소개한다.
난이도가 높으므로 비바리움 제작이 익숙해진 다음에 도전해 보자.

정면

Close Up

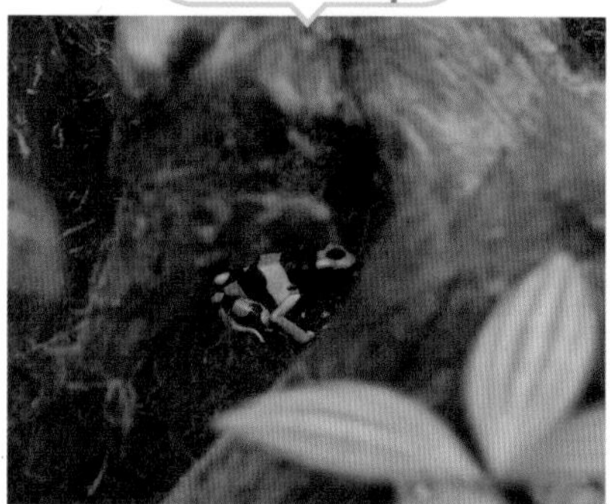

유목과 관엽식물, 이끼 등을 이용해 독화살개구리가 사는 숲의 분위기를 재현

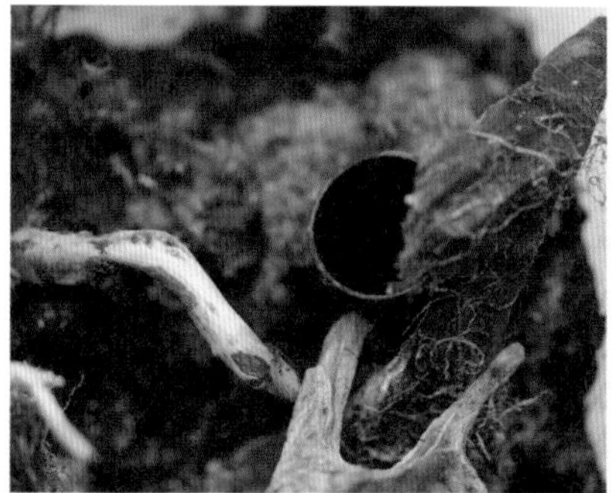

독화살개구리의 산란을 위해 시중에서 판매하는 통을 구입해 설치했다.

같은 환경에서 사육할 수 있는 다른 생물
- 청개구리

※ 그 밖의 소형 개구리 등

▪ 자연환경을 그대로 옮겨온다는 생각으로 작업

이 책에서 제작 순서와 함께 소개하는 비바리움 중 가장 정교한 작품이다. 유목과 여러 종류의 관엽식물, 이끼, 시중에서 판매하는 산란용 통 등 다양한 레이아웃용 아이템을 사용했으며, 백 패널도 직접 만들었다. 독화살개구리가 서식하는 자연환경을 그대로 재현하겠다는 생각으로 제작했다.

어떻게 완성할 것인가는 자신에게 달렸다.

독화살개구리는 애호가가 많은 인기종으로 다른 사람들이 공들여 만든 비바리움을 볼 기회가 많다. 제작이 꽤 어려운 것으로 알려져 있지만, 이책 44쪽에서는 도전해 보기 조금 쉬운 독화살개구리의 비바리움을 소개한다. 작업 레이아웃은 사육자의 의도에 따라 달라질 수 있다.

포인트

▪ 관엽식물과 이끼를 풍성하게 사용

독화살개구리가 서식하는 열대우림의 환경을 고려해 관엽식물과 이끼를 충분히 사용했다. 또한 이끼를 백 패널 위쪽에도 심어 전체적으로 균형을 이루게 배치했다.

▪ 경사가 있는 백 패널을 직접 제작

자연환경에서 쉽게 볼 수 있듯이 아래로 가면서 넓어지도록 경사를 주었다.

공들여 제작한 비바리움의 포인트

▪ 붉은 계열의 색채를 더해준다.

대체로 관엽식물의 잎은 녹색이지만 간혹 붉은색을 띠는 종도 있다. 이것을 잘 활용하면 좋은 포인트가 될 수 있다. 단, 사육장 내부에 너무 많은 색이 존재하면 통일감을 잃게 되므로 전체적인 균형을 고려해 레이아웃하도록 한다.

▪ 일부러 빈티지 감성을 살린다.

비바리움에 사용한 유목 중 하나는 과거 열대어 수조에서 사용한 것으로 붙어 있는 마른 모스는 그때의 흔적이다. 이 모스가 지닌 아름다움이 비바리움의 완성도를 높여준다.

속칭 프라모델(Pla-Model)이라 부르는 조립 모형의 세계에서는 웨더링이라고 해서 일부러 때가 탄 것처럼 색을 입히거나 손상 표현을 하여 현실감을 주는 도색 방법이 있다. 비바리움에서도 일부러 빈티지 아이템을 써서 완성도를 높이는 경우가 있다.

독화살개구리 알아보기

노란줄무늬독화살개구리

▪ 유통되는 생물에는 독이 없다.

독화살개구리는 어느 한 종의 이름이 아니라 독화살개구리과에 속하는 모든 개구리를 지칭하여 일컫는 말이다. 이 생물은 중남미에 분포하며 열대우림 등지에서 서식한다.

현지 자연환경에서 서식하는 개체는 독을 지니고 있으며, 원주민이 이것을 화살촉에 묻혀 사냥에 이용한 것에서 이름이 유래됐다고 한다. 단, 독화살개구리의 독은 흰개미 등의 독을 지닌 먹이를 먹어 생성되는 것이다. 시중에 유통되는 개체는 독이 없는 먹이를 먹기 때문에 독성이 없다.

[생물 데이터]

- **생물분류** / 양서류, 독화살개구리과 독화살개구리
- **전체 길이** / 약 2.5~6cm
- **수명** / 10년 정도
- **식성** / 육식성(개미 등의 곤충을 좋아함)
- **생김새와 특징** / 색상이 화려하고 종류에 따라서는 금속성 광택을 띠기도 한다.
- **사육 포인트** / 열대우림에 서식하기 때문에 추운 계절에는 특별히 온도 유지에 신경을 써야 한다. 반면 지나치게 온도가 높은 환경에도 취약하므로 1년 내내 약 26~28°의 온도를 유지하는 것이 이상적이다. 또 다습한 환경을 좋아하므로 분무기 등을 이용해 습도를 일정하게 유지한다. 먹이는 귀뚜라미 등의 살아있는 곤충을 먹는데 독화살개구리는 몸집이 작으므로 먹잇감도 크기가 작은 어린 개체를 준다.

준비

▪ 산란용 통 사용

자연환경에서 독화살개구리는 브로멜리아(Bromelia) 혹은 아나나스(Ananas)라 부르는 식물의 잎에 고인 물을 번식에 이용하는 경우가 있다. 그 환경을 재현하기 위해 독화살개구리의 산란용으로 통을 사용한다.

[사육장과 조명]

사육장 ▶ 사이즈는 약 가로 30.0cm X 세로 30.0cm X 높이 45.0cm / 유리 제품

조명 ▶ 가시광선 램프

[레이아웃용 아이템]

바닥재 ▶ 경석 / 적옥토

골격 ▶ 유목(여러 개 : 가늘고 작은 것도 사용)

식물 ▶ 관엽식물(여러 종) / 이끼(여러 종)

기타 ▶ 플로럴 폼(백 패널의 토대로 사용) / 제올라이트 배합 조형재(백 패널 표면 및 식물을 고정하는 데 사용하며 아트소일(퍼티), 붙이는 흙 등을 활용)

[사육용 아이템]

물그릇 ▶ 파충류용 소형 물그릇

은신처 ▶ 산란용 통

공들여 제작하는 비바리움의 준비

▪ 여러 종류의 식물을 준비한다.

풍요로운 지구의 자연에는 파충류나 양서류와 마찬가지로 식물도 많은 종이 존재한다. 우리 가까이에 있는 자연도 잘 관찰해 보면 많은 식물이 있다는 사실을 알게 될 것이다.

기본적으로 비바리움은 자연환경의 재현이 목적이므로 식물 종을 다양하게 사용하면 완성도가 높아진다(단, 전체적인 균형을 고려해야 한다).

이 비바리움에는 관엽식물뿐만 아니라 이끼도 여러 종을 준비했다.

4종류의 이끼를 준비했다.

순서

순서① 바닥재를 깐다.

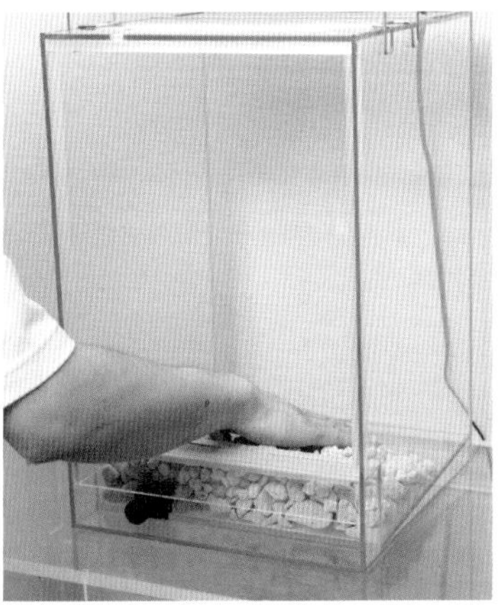

① **경석을 깐다.**
사육장을 놓고 완성 상태를 이미지화한 후 경석을 바닥에 깔아준다.

Check!
작업환경을 정돈한다.

상황에 따라 다르겠지만 작업을 시작하기 전에 사육장의 문을 떼어내거나 가시광선 램프를 설치한 후 켜두면 작업을 좀 더 순조롭게 진행할 수 있다.

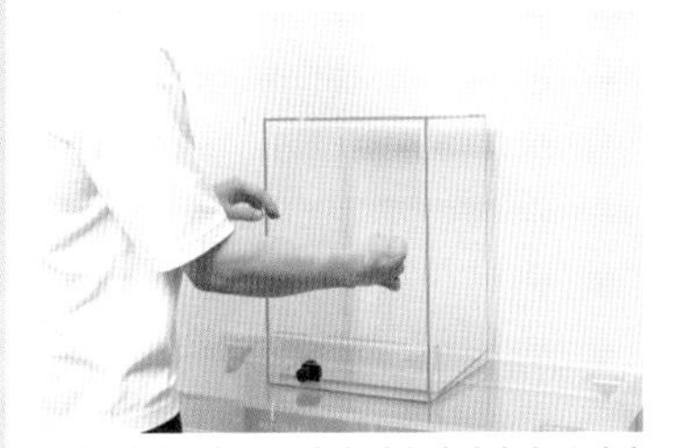

문을 뗄 수 있는 유형의 사육장이라면 분리한 다음에 작업한다.

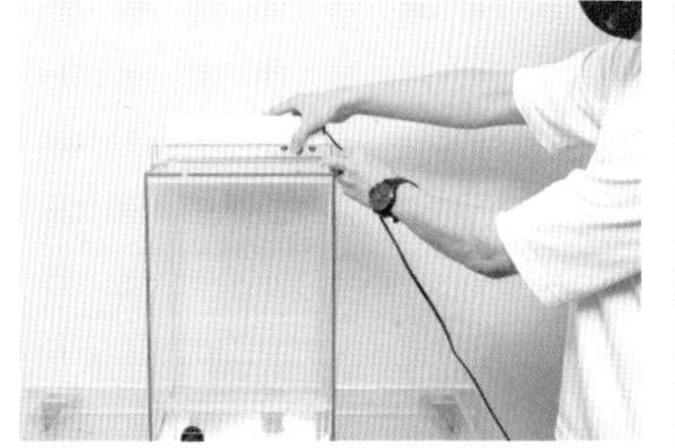

가시광선 램프를 설치할 예정이라면 먼저 설치한다.

② **플로럴 폼을 배치한다.**
이 비바리움은 백 패널을 직접 제작한다. 먼저 그 토대가 되는 플로럴 폼을 배치한다.

③ **플로럴 폼을 확인한다.**
배치한 플로럴 폼의 높이 등을 확인한다.

④ **적옥토를 깐다.**
미관과 사육장 내부의 습도 유지를 위해 경석 위에 적옥토를 깔아준다.

Check!

적절하게 분무기를 사용한다.

비바리움을 만들 때 분무기를 이용하면 작업을 더욱 원활하게 진행할 수 있다. 이 비바리움에서는 적옥토를 깐 뒤에 플로럴 폼과 적옥토에 분무했다. 임시지만 분무한 수분으로 인해 플로럴 폼이 안정적으로 고정되고 적옥토 가루가 잘 날리지 않는다.

순서② 백 패널을 만든다.

① 완성 상태를 상상해 본다.

백 패널에 사용하는 조형재(아트소일(퍼티), 붙이는 흙 등)는 한번 마르면 다시 수정하기 어려우므로 임시로 유목을 배치하고 완성된 상태를 생각해 본다.

Check!

판매용 조형재를 사용

백 패널에 판매용 제올라이트 배합 조형재를 사용한다. 조형재는 물을 섞어서 쓴다. 작업 자체는 점토 공예처럼 그다지 어렵지 않다.

* 백 패널 작업으로는 아트소일(퍼티), 용기토, 우레탄폼+실리콘과 코코피트, 테라블럭 등을 활용할 수 있다.

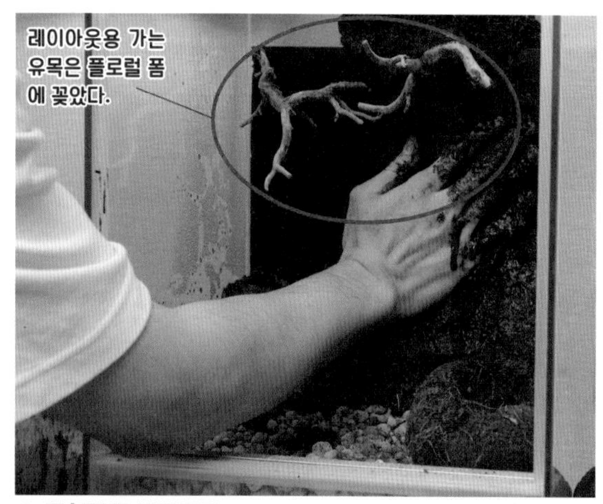

② 조형재를 발라준다.

플로럴 폼에 조형재(아트소일(퍼티), 붙이는 흙 등)를 바른다. 플로럴 폼의 고정을 위해 주위에도 발라준다.

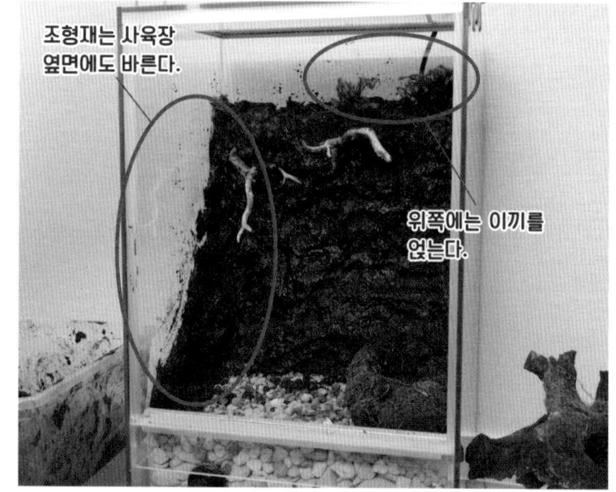

③ 백 패널의 마감을 확인한다.

조형재 바르는 작업이 끝나면 백 패널의 마감을 확인한다.

공들여 만드는 비바리움의 백 패널

■ 시중에 판매되는 제품도 있다.

백 패널은 비바리움의 완성도를 좌우하는 큰 요소 중 하나이다. 이번 작업은 자연환경에 좀 더 다가가기 위해 직접 제작했다. 제작된 백 패널은 아이템을 꽂아 고정시킬 수 있는 것이 장점이다.

비바리움에 사용할 수 있는 백 패널은 시중에도 다양한 제품을 판매하고 있으므로 그것을 활용하는 것도 하나의 방법이다.

순서③ 골격을 만든다.

① 유목을 설치한다.
비바리움의 골격이 되는 큰 유목을 배치한다.

② 골격의 완성도를 확인한다.
큰 유목의 배치가 끝나면 유목의 각도가 괜찮은지 확인한다.

순서④ 레이아웃용 아이템을 설치한다.

① 관엽식물을 설치한다.
골격이 마무리되면 관엽식물부터 레이아웃용 아이템의 배치를 시작한다.

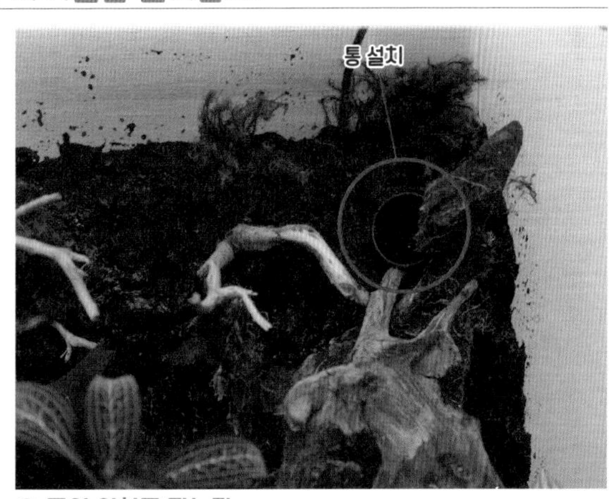

② 통의 위치를 잡는다.
산란용 통을 조형재(아트소일(퍼티), 붙이는 흙 등)에 묻어 설치한다.

③ 조형재를 바른다.
필요에 따라 배치한 식물의 뿌리 주변에 조형재(아트소일(퍼티), 붙이는 흙 등)를 바른다.

④ 아이템을 배치한 후 배치를 확인한다.
아이템들을 배치한 후 전체적인 균형을 확인한다.

순서⑤ 세부 사항을 조정하여 마무리한다.

① 물그릇을 놓는다.
독화살개구리를 위한 비바리움에는 물이 필요하므로 물그릇을 놓는다.

② 백 패널에 이끼를 추가한다.
백 패널의 빈 곳이 신경 쓰여 이끼를 추가한 후 마무리한다.

③ 생물을 넣는다.
비바리움이 완성되면 문을 달고 사육장 안에 생물을 넣는다. 문을 닫을 때 개체가 끼지 않도록 주의한다.
➡ 생물을 넣고 문을 닫기 전의 완성한 비바리움은 34쪽에

빼기도 필요하다.

마무리 단계에서는 사육장과 조금 떨어져 레이아웃한 내부의 전체적인 균형을 확인한다. 이때 설치한 아이템이 불필요하다고 판단되면 제거한다.

공들여 만든 비바리움 마무리

▪ 생물 관찰의 편의성과 레이아웃 사이에서 균형이 중요

작업한 비바리움에서 주의해야 할 점이 있다면 많은 아이템으로 인해 생물을 관찰하기 어려울 수 있다는 것이다. 평소 관찰하기 좋은 위치에서 보았을 때 그늘지는 부분이 너무 많으면 개체의 건강 상태를 확인하기 어렵다. 작품으로서의 아름다움과 생물 관찰의 편의성 사이에서 균형을 고려하여 비바리움을 완성하자.

멋진 백 패널이 잘 보이도록 아이템을 많이 배치하지 않는 비바리움도 있다.

유지 보수와 사육 포인트

[유지 보수 포인트]

• 식물의 유지 보수

대체로 '숲에 서식하는 생물의 비바리움(51쪽)'과 같지만 식물을 많이 사용하기 때문에 시든 식물을 교체하는 등 식물 관리에 특별히 신경 쓴다.

[사육 포인트]

• 생물의 수분 공급과 습도 관리

사육 포인트도 숲을 테마로 한 비바리움(51쪽)과 동일하다. 한편, 이 비바리움에는 물그릇을 설치했지만, 생물의 수분 공급과 사육장 내부의 습도 유지를 위해서는 하루 1~2번씩 분무해 준다.

2장

숲에 사는 생물의 비바리움

이 장에서는 하루의 대부분을 나무 위에서 생활하는
이른바 수상성이나 반수상성 종의 비바리움을 소개한다.
대상 생물로는 개구리와 도마뱀붙이류가 있으며,
인기가 가장 많아 만드는 보람이 있는 종류다.
다양하게 활동하는 생물의 특성을 고려하여 비바리움을 제작하자.

다양하게 활동하는 특성을 고려하여 녹음이 짙고 아름답게 완성한다.

숲은 비바리움 작업 시 인기 있는 소재다.
실제 제작에 착수하기 전 주요 사항을 이해한다.

▪ 숲 테마의 비바리움은 가장 인기가 많아 만드는 보람이 있다.

이 책에서는 대상 생물이 서식하는 자연환경을 장별로 구분하여 제작 방법을 소개하고 있다. 그중에서도 숲은 가장 인기가 많기 때문에 제작과 감상의 즐거움을 체감할 수 있는 카테고리다.

숲 비바리움은 기본적으로는 자연환경의 재현을 위해 식물을 레이아웃하며, 초록 잎의 녹음이 반영된 외관은 매우 아름답다. 제작 시 생물이 수평 방향뿐 아니라 상하 수직 방향으로도 움직일 수 있도록 입체감을 고려하여 제작한다.

자연환경을 표현하기 위한 포인트

숲 비바리움의 모티브가 되는 푸른 나무들이 우거져있는 자연환경

자연의 숲에는 덩굴성 식물도 많다. 이것도 비바리움 제작에 하나의 힌트가 된다.

자동으로 안개를 뿜는 안개 분사 시스템

■ 숲의 이미지

이 장에서는 독화살개구리 등의 개구리류와 리치도마뱀붙이 등의 도마뱀붙이류의 비바리움을 소개한다. 둘의 공통점은 녹색 잎이 우거진 숲에서 서식한다는 것이다.

남아메리카의 '아마존' 혹은 '정글'이라는 말로 표현되는 자연환경의 이미지다. 이런 숲의 식물은 대체로 색채가 짙은 것이 특징이다. 그것을 표현하기 위해 비바리움에서는 인공식물을 사용하기도 한다.

기후 환경은 기본적으로 고온 다습하다. 비바리움에서 사육할 경우 추운 계절에 사육장 내부 온도가 떨어지지 않도록 특별히 주의해야 한다. 한편, 습도를 유지하기 위해 정기적으로 분무기나 안개 분사 시스템을 이용해 건조에도 신경을 쓴다.

숲에 사는 생물의 특징과 사육환경의 포인트

브로멜리아는 독화살개구리의 비바리움과 잘 어울리며 실제로도 많은 사육자가 이용한다.

■ 생물의 몸 구조나 생태에 맞춘다.

이 장에서 소개하는 비바리움은 주로 수상성(樹上性)이나 반수상성(半樹上性) 생물을 대상으로 한다.

수상성이란 일상의 대부분을 나무 위에서 보내는 성질이고 반수상성은 하루 중 절반 정도는 나무 위에서 나머지 절반은 땅 위에서 지내는 성질을 말한다. 이들의 몸은 나무에 오르기 적합한 구조로 되어 있다. 예를 들어 카멜레온류는 가지를 잡기 편리하게 생긴 발에 날카로운 발톱이 나 있다. 이런 생물을 사육하는 비바리움은 자연환경과 마찬가지로 위로 오를 수 있는 구조물을 설치하는 것이 기본이다.

구조물 설치 시 적당한 크기의 살아있는 나무를 구하고 관리하는 것이 어렵기 때문에 일반적으로 유목이나 코르크 나무껍질 등을 사용한다.

자연환경의 생태를 비바리움에 적용할 수도 있다. 예를 들면 독화살개구리는 식물의 잎 사이에 고인 얼마 안되는 물을 이용해 번식한다. 그래서 물이 고일 수 있는 형태의 관엽식물인 브로멜리아를 식재하는 것이 좋다.

브로멜리아를 레이아웃하여 아마존 정글을 재현한다.

브로멜리아를 이용하는 독화살개구리의 비바리움 제작을 통해 숲을 테마로 한 비바리움의 포인트를 소개한다.

정면

Close Up

독화살개구리 비바리움에는 브로멜리아를 많이 사용한다.

여러 종류의 이끼를 사용하면 관상 가치가 높아진다.

같은 환경에서 사육할 수 있는 다른 생물
• 청개구리
※ 기타 소형 개구리 등

▪ 브로멜리아를 풍성하게 사용

34쪽에서 소개한 독화살개구리 비바리움과 비교하면 이번 작업은 난이도가 낮고 만들기도 쉽다. 독화살개구리용 비바리움을 만들기로 마음먹은 입문자에게는 이 비바리움이 시작하기 쉬울 수 있다.
이 비바리움의 큰 특징 중 하나는 관엽식물인 브로멜리아를 풍성하게 사용한다는 점이다.

MEMO

다양한 비바리움을 제작할 수 있다.

독화살개구리는 비바리움에서 많이 사육하는 생물 중 하나다. 개체의 크기가 작고 사육장 내부를 꾸밀 공간도 많아 다양한 유형의 비바리움을 제작할 수 있다.

포인트

■ 균형을 고려해 브로멜리아를 배치한다.

브로멜리아는 식물인 브로멜리아과(Bromeliaceae)에 속하는 종을 통틀어 일컫는 이름으로, 일반적으로 중남미가 원산지인 브로멜리아과의 관상용 식물을 이야기한다. 원산지가 같아서인지 브로멜리아는 독화살개구리와 잘 맞는다. 브로멜리아를 비바리움에 배치할 때는 사육장 어느 한쪽에 치우치지 않고 고르게 배치하는 것이 포인트다.

■ 포인트를 위해 빨간 잎을 활용

비바리움은 색감도 중요한 요소 중 하나다. 이번에는 브로멜리아의 붉은 잎이 좋은 포인트가 되었다.

■ 이끼로 다습한 지대의 분위기를 연출

이끼는 독화살개구리가 서식하는 다습한 기후 분위기를 연출해 준다.

숲을 테마로 한 비바리움의 포인트

■ 공간을 활용한다.

숲 테마의 비바리움은 대체로 높이가 있는 사육장을 사용하기 때문에 아이템을 세팅할 공간도 넓다. 허전한 공간이 없도록 전체적인 균형에 신경을 쓰자.

사육장 위쪽에도 식물을 배치하여 숲을 재현한 비바리움

➡ 사진 속 비바리움은 60쪽에

■ 유연하게 생각한다.

공간이 넓다는 것은 다양한 시도를 할 수 있다는 뜻이기도 하다. 유연한 생각으로 접근하는 것도 비바리움의 완성도를 높이는 중요한 요소다.

인기가 많은 유목 대신 인공덩굴을 골격으로 이용해도 좋다.

➡ 사진 속 비바리움은 72쪽에

■ 안정성을 확인한다.

높게 쌓아 올린 재료가 붕괴되지 않도록 주의한다. 비바리움이 완성되면 소중한 생물을 넣기 전에 한번 더 안정성을 확인한다.

접착제를 사용한 경우 완전히 굳을 때까지 기다린다.

➡ 자세한 내용은 62쪽에

독화살개구리 이해하기

▪ 비바리움의 대상으로 가장 인기 있는 생물

독화살개구리는 비바리움에서 사육되는 개체 중 가장 인기 있는 종의 하나다.

아름다운 색을 띠는 것이 가장 큰 매력으로 독화살개구리처럼 금속성 색을 띠는 생물은 흔치 않으며 색상의 변이도 다양하다. 또한 2.5~6cm의 작은 크기도 특징의 하나로 비교적 작은 사육장에서도 키울 수 있다.

열대우림 등에서 서식하고 있기 때문에 그 이미지에 맞는 비바리움을 제작해 보자.

➡ 독화살개구리의 생물 데이터는 36쪽에

숲을 테마로 한 비바리움의 대상

▪ 수상성, 반수상성 생물을 위한 비바리움

이번 장에서는 수목이 자라고 있는 곳에 서식하는 수상성 혹은 반수상성 생물의 비바리움을 소개한다. 크게 개구리류, 도마뱀붙이류 그 외에 카멜레온과 뱀으로 나뉜다.

이번 장에서 소개하는 종

[개구리류]

빨간눈청개구리

열대우림에 사는 개구리로 붉은 눈이 인상적이다.

➡ 자세한 내용은 52쪽에

오스트레일리아청개구리

또렷한 눈이 사랑스러운 개구리다.

➡ 자세한 내용은 56쪽에

[도마뱀붙이류]

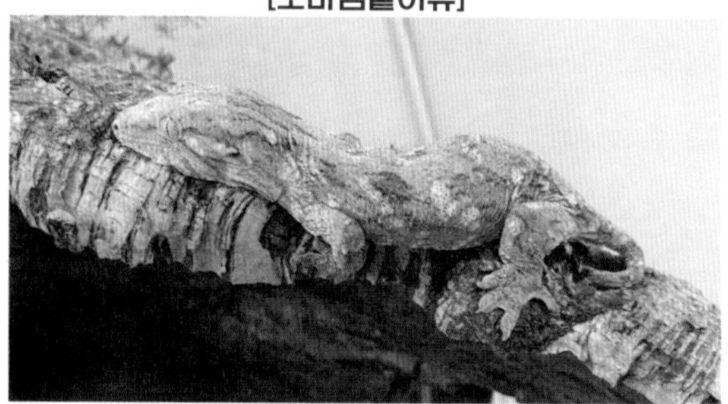

리치도마뱀붙이

도마뱀붙이류 중에는 대형으로 전체 길이가 최대 40cm나 되는 개체도 있다.

➡ 자세한 내용은 64쪽에

베일드카멜레온

카멜레온 중에서도 특히 인기가 많은 종이다.

➡ 자세한 내용은 72쪽에

청대장

이 책에서는 알비노 개체를 대상으로 한 제작 사례를 소개한다.

➡ 자세한 내용은 76쪽에

볏도마뱀붙이

머리에 있는 왕관 모양의 돌기가 특징이다.

➡ 자세한 내용은 60쪽에

보르네오 캣 게코

꼬리를 들고 걷는 모습이 고양이와 유사하다.

➡ 자세한 내용은 68쪽에

준비

▪ 초록뿐 아니라 붉은 잎의 브로멜리아도 준비

종에 따라 다르지만 기본적으로 숲에 사는 생물의 비바리움에는 초록 잎 식물을 풍부하게 배치하면 아름다움을 더할 수 있다. 그리고 붉은 잎의 브로멜리아도 준비했다.

사진은 준비한 식물을 나열해 놓은 것으로 여기서 일부를 골라 제작한다.

[사육장과 조명]

사육장 ▶ 사이즈 약 가로 30.0㎝ X 세로 30.0㎝ X 높이 45.0㎝ / 유리 제품

조명 ▶ 가시광선 램프

[레이아웃용 아이템]

바닥재 ▶ 경석 / 적옥토

골격 ▶ 유목

식물 ▶ 관엽식물(중심은 브로멜리아, 덩굴성 식물도 사용) / 이끼(4종)

기타 ▶ 플로럴 폼(백 패널의 토대로 사용) / 제올라이트 배합 조형재(백 패널 표면 및 식물을 고정하는 데 사용(아트소일(퍼티), 붙이는 흙 등)

[사육용 아이템]

물그릇 ▶ 파충류용 소형 물그릇

숲을 테마로 한 비바리움의 레이아웃용 아이템

▪ 준비하는 아이템에 따라 완성도가 결정된다.

숲에 서식하는 생물을 위한 비바리움은 일반적으로 그 개체가 나무를 오르는 등의 다양한 활동을 할 수 있도록 높이가 있는 사육장을 선택한다. 공간도 넓기 때문에 다양한 레이아웃을 시도할 수 있다. 숲을 테마로한 비바리움은 많은 애호가들이 정성들여 꾸미고 사육하고 있다.

숲 테마는 자신이 생각하는 이미지에 맞게 아이템을 준비하는 것이 완성도 높은 비바리움을 제작하는 첫걸음이다.

[사육장]

일반적으로 높이가 있는 사육장을 사용한다. 선택의 폭이 넓으며, 베일드카멜레온(72쪽)의 경우에는 윗면과 벽면이 그물망으로 된 제품을 사용했다.

세련된 백 패널도 구입이 가능하다.

➡ 사진의 비바리움은 76쪽에

[바닥재]

다양한 바닥재를 선택할 수 있다는 부분도 숲 테마 비바리움이 가지는 특징 중 하나다. 관리의 편리성을 고려해 펫시트의 사용도 생각해 볼 수 있다.

나무 위에서만 생활하는 생물의 경우에는 펫시트를 사용하는 사육자가 많다.

➡ 사진의 비바리움은 72쪽에

[식물]

레이아웃용 아이템 중에서 식물은 특별한 주의를 더 기울여야 한다. 흔히 사용하는 덩굴성 스킨답서스는 이미지에 따라 배치하기 쉬운 장점이 있다.

스킨답서스는 관리와 구입이 쉬운 것이 장점이다.

➡ 사진의 비바리움은 52쪽에

순서

순서① 완성한 모습을 상상해 본다.

① 완성된 모습을 생각해 본다.
작업을 시작하기 전에 앞으로 제작할 비바리움의 완성된 모습을 머릿속으로 그려본다.

Check!

조명을 켠다.
가시광선 램프를 설치할 경우, 작업 순서에 크게 집착할 필요는 없다. 작업에 방해가 되지 않는다면 먼저 설치해도 된다. 조명을 켜 놓으면 작업 과정이 잘 보이는 장점이 있다.

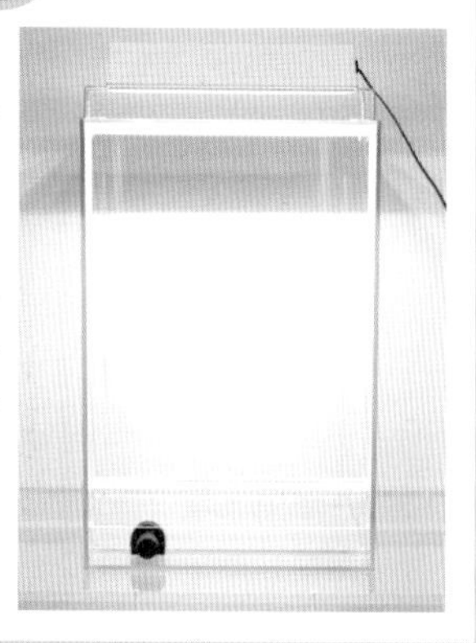

순서② 바닥재를 깔고 백 패널을 설치한다.

① 바닥재를 깔고 패널을 설치한다.
경석을 깔고 플로럴 폼을 뒤쪽에 세팅한다.

② 조형재를 패널에 바른다.
조형재(아트소일(퍼티), 붙이는 흙 등)를 백 패널의 플로럴 폼 위에 바른다.

③ 조형재가 마르기를 기다린다.
조형재를 다 바른 후 완전히 건조될 때까지 기다린다.

숲을 테마로 한 비바리움의 토대 만들기

▪ 배수를 고려한다.

숲 테마의 비바리움은 사육하는 종이나 비바리움의 유형에 따라 바닥재가 달라진다. 여기서는 배수가 잘 되도록 경석을 사용했지만 상황에 따라 펫시트만 깔아도 괜찮다.

한편, 생물의 수분 공급과 습도 유지를 위해 분무를 많이 할 경우 배수 구조를 고려할 필요가 있다.

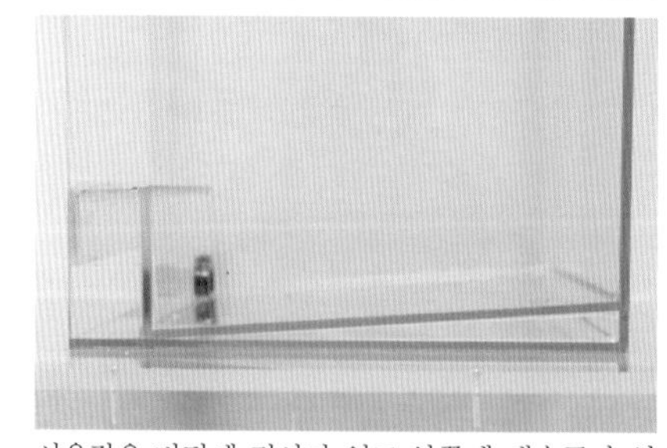

사육장은 바닥에 경사가 있고 앞쪽에 배수구가 있는 유형을 사용했다.

배수 시설이 없는 경우 고무관을 설치하면 배수가 쉬워진다.
➡ 자세한 내용은 26쪽에

순서③ 골격을 만든다.

① 유목을 설치한다.

비바리움의 골격이 되는 큰 유목의 위치를 결정한다.

Check!

단단히 고정한다.

작업의 편의성을 고려하여 유목을 사육장 안에 배치하기 전 가지 부분에 관엽식물을 얹었다. 이후 관엽식물과 유목은 조형재나 플로럴 폼에 꽂는 방법을 이용해 단단히 고정한다.

여기서는 조형재를 이용해 고정시켰다.

숲을 테마로 한 비바리움의 골격 만들기

▪ 유목처럼 자연 소재의 아이템 외에도 인공적인 것도 있다.

숲 비바리움은 대부분 입체적으로 제작하는데 이때 골격용 아이템을 기본적으로 사용한다. 작업 순서상 골격 아이템을 설치한 다음 식물과 은신처 등을 배치하면 순조롭게 진행할 수 있다. 골격은 유목 등 자연적인 소재뿐만 아니라 인공 덩굴 등을 사용해도 좋다.

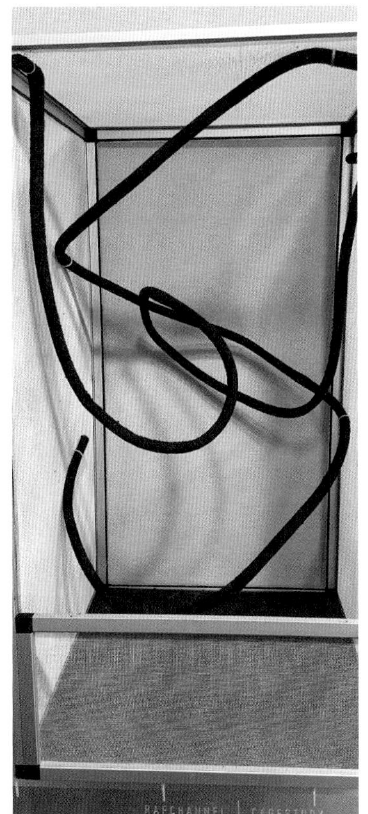

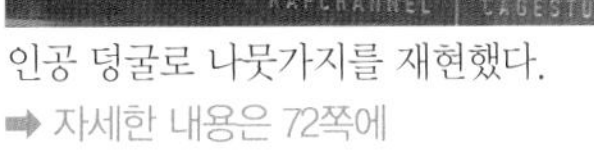

인공 덩굴로 나뭇가지를 재현했다.

➡ 자세한 내용은 72쪽에

골격은 모양이 뛰어난 유목으로 선택한다.

➡ 자세한 내용은 52쪽에

골격으로 코르크 튜브를 사용

➡ 자세한 내용은 64쪽에

Check!

큰 식물도 골격으로 사용한다.

비바리움 완성을 좌우하는 큰 골격 아이템으로 잎이 붙어 있지 않은 유목뿐만 아니라 큰 식물도 사용한다. 비바리움을 제작할 때는 크기가 큰 것에서 작은 것 순으로 진행한다.

큰 식물도 골격으로 본다.

➡ 자세한 내용은 68쪽에

순서④ 식물을 배치한다.

① 이끼를 깐다.
유목 아래를 중심으로 균형을 고려하며 이끼를 깐다.

② 덩굴성 식물을 설치한다.
독화살개구리가 서식하는 자연환경을 연출하기 위해 백 패널에 덩굴성 식물을 배치한다.

숲을 테마로 한 비바리움의 식물 배치

▪ 상상력 & 창의력을 발휘한다.

숲이 테마인 비바리움은 숲을 재현하기 위해 기본적으로 식물을 레이아웃한다. 살아있는 식물은 아니지만 설치하기 쉬운 인공식물과 나뭇가지도 좋은 레이아웃용 아이템이 될 수 있다. 상상력과 창의력을 발휘해 비바리움 만들기를 즐겨보자.

나뭇가지를 세워 설치한 예
➡ 사진 속 비바리움은 68쪽에

테라보드(Tera Board)를 발판으로 사용
➡ 사진 속 비바리움은 52쪽에

순서⑤ 필요에 따라 조정하고 마무리한다.

① 물그릇을 설치하고 마무리한다.
물그릇을 놓을 자리가 결정되면 전체적인 균형을 확인한 후 위치를 조정하여 완성한다.
➡ 완성된 비바리움은 44쪽에

Check!

색상의 균형도 고려한다.

비바리움은 전체 색상의 균형도 중요한 요소가 된다. 예를 들어 붉은 잎 식물을 설치하면 느낌이 크게 바뀌기도 한다.

유지 보수와 사육 포인트

[유지 보수 포인트]

• 바닥에 고인 물의 배수

분무기를 자주 사용하는 탓에 숲 비바리움 사육장 바닥에는 물이 고이기 쉽다. 물이 바닥에 고이면 위생상 좋지 않으므로 정기적으로 배수 처리를 한다.

• 배설물 처리

배설물을 발견하면 핀셋을 이용해 신속하게 제거한다. 배설물은 악취가 나는 원인이 될 뿐 아니라 그 안에는 생물에게 나쁜 영향을 미치는 세균과 바이러스 등이 있을 수 있다.

• 바닥재 교체

우드 칩 등 천연 소재의 바닥재는 한 달에 한 번씩 전체를 교체한다.

• 식물 관리

잎이 시들거나 자라서 기본 형태가 흐트러진 식물은 잘라서 정리해 준다.

• 사육장 관리

숲 비바리움은 대부분 높이가 있는 사육장을 사용하는데 이 사육장의 유리는 오염이 빠른 편이다. 기본적으로 더러워지면 바로, 또는 요일을 정해 놓고 청소한다. 유리에 상처를 주지 않는 스펀지나 부드러운 천을 이용해 오염을 닦아낸다. 세제는 탄산음료와 같이 생물이 잘못해서 핥아도 문제가 없는 소재를 사용한다.

[사육 포인트]

• 생물의 수분 공급과 습도 관리

카멜레온류는 자연환경에서 나뭇잎에 맺힌 물방울로 수분을 섭취한다고 한다. 숲에 사는 다른 종류도 대부분 같은 방법으로 수분을 보충하므로 하루 1~2회 사육장 안에 전체적으로 분무해 주도록 한다. 이것은 사육장 내 습도를 일정하게 유지하는 데 도움이 된다.

물그릇 설치

이 장에서는 수상성(또는 반수상성) 개구리의 비바리움도 소개한다. 자연환경에서 수상성 개구리류는 어느 정도 물가에서 떨어져 생활할 수 있다고 하지만 비바리움에는 기본적으로 물그릇을 설치한다.

• 먹이 관리

숲 비바리움의 대상 종은 매우 많으며 그 먹이나 먹이를 주는 방법도 종에 따라 달라진다. 이 장에서 소개하는 생물 종의 주식은 귀뚜라미를 비롯한 작은 곤충이다. 상황에 따라 다르지만, 핀셋으로 먹이를 주면 관리를 일정하게 할 수 있고 생물과도 소통할 수 있다. 단, 독화살개구리의 먹이인 귀뚜라미는 크기가 너무 작아 핀셋으로 줄 수가 없으므로 먹이 그릇에 놓아주어 귀뚜라미가 사방으로 흩어지는 것을 방지한다.

귀뚜라미가 작을 때는 먹이 그릇을 이용하는 것이 좋다.

Layout ▸ 04 빨간눈청개구리

테라보드를 활용해 입체적으로 꾸미고 균형을 고려한 식물 배치로 완성도 높은 비바리움을 실현

수상성 생물은 입체적인 비바리움에서 사육하는 것이 기본이다.
테라보드를 활용하면 아름다운 외관을 꾸미는 동시에 생태에 적합한 환경을 만들 수 있다.

정면

Close Up

백 패널에 사용할 테라보드의 일부를 사육장 옆면에 설치한다.

관엽식물(스킨답서스)의 성장을 예상하여 제한된 공간에만 이끼를 깐다.

▪ 테라보드로 개구리의 발판을 제작

다양한 아이템을 활용해 창의적인 시도가 돋보이는 비바리움이다. 테라보드라는 목재 아이템을 사용한 점은 눈여겨볼 만하다. 백 패널에 테라보드를 사용함으로써 U자 못으로 덩굴성 식물을 고정할 수 있었다. 또한 테라보드의 일부를 사육장 옆면에 설치하여 개구리의 발판으로 삼았다.

같은 환경에서 사육할 수 있는 생물류

- 청개구리
- 산청개구리

※ 기타 수상성 개구리류

- 큰낮도마뱀붙이(Phelsuma Grandis)

※ 기타 대형 도마뱀붙이류 등

포인트

▪ 덩굴성 식물을 배경으로 설치

사육장 안에 초록 포인트를 고르게 배치하기 위해 덩굴성 식물인 스킨답서스를 배치했다. 고정을 위한 도구로는 U자 못을 사용했다.

▪ 아이템을 다양하게 사용

백 패널에 테라보드, 골격으로 코르크 가지 등 자연환경을 연출하는 데 도움이 되는 다양한 아이템을 사용했다. 특히 테라보드는 발포 스티로폼보다 질감이 좀 더 단단하고 가공하기 쉽다는 특징이 있다. 어떻게 활용하느냐에 따라 다양한 방법으로 사용할 수 있다.

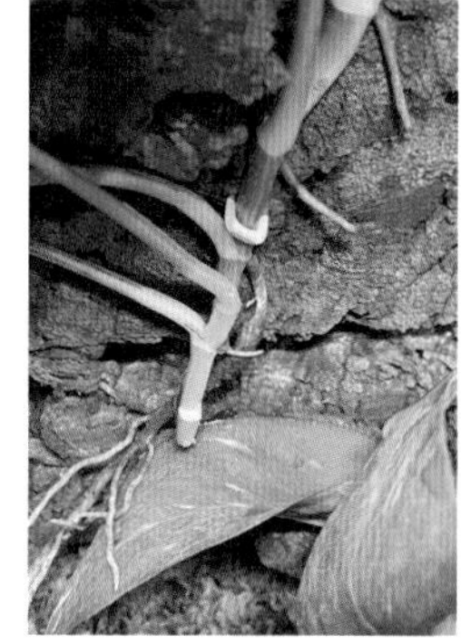

백 패널에 U자 못으로 식물을 고정한다.

테라보드는 도구 없이 손으로 크기를 조절할 수 있다.

빨간눈청개구리(Agalychnis Callidryas) 알아보기

▪ 붉은 눈이 인상적인 중남미 개구리

빨간눈청개구리는 코스타리카, 멕시코 등 중남미 열대우림에 서식한다. 야행성으로 자연환경에서는 낮 동안 잎에 머물며 휴식을 취한다. 또한 수상성이어서 개구리류 중에서는 건조에 강해 물가에서 떨어져 생활할 수 있다. 이러한 특징을 고려해 비바리움 내부에 식물을 배치하는 것이 좋다.
성격은 일반적으로 온순하고 소심하다고 알려져 있다.

[생물 데이터]

- **생물분류** / 양서류, 청개구리과 빨간눈청개구리속
- **전체 길이** / 약 3~7cm
- **수명** / 5~7년 정도
- **식성** / 육식성(귀뚜라미 등의 곤충류나 소형 절지동물이 주식)
- **생김새와 특징** / 몸은 선명한 녹색. 눈은 크고 붉은색이며 세로로 길고 검은 눈동자가 귀엽다.
- **사육 포인트** / 자연환경에서는 열대우림 또는 습기가 많은 저지대의 강이나 연못 근처에 서식한다. 이 때문에 고온다습한 환경이 적합하고 사육장 내부 온도는 1년 내내 낮에는 24~29°, 야간에는 19~25° 정도가 적당하다. 습도 유지를 위해 하루 두 번 아침저녁으로 분무해 준다. 기본적으로 살아있는 귀뚜라미를 먹는다.

준비

■ **스킨답서스를 활용한다.**

스킨답서스는 덩굴성이기 때문에 활용하기 좋은 관엽식물이다. 병충해에 저항성이 강하고 잘 자라기 때문에 비바리움에서 많이 사용한다. 설치할 때는 잎의 수나 크기를 잘라 비바리움의 상황에 맞게 조절한다.

[사육장과 조명]

사육장 ▶ 사이즈 약 가로 31.5cm X 세로 31.5cm X 높이 47.5cm / 유리 제품

조명 ▶ 가시광선 램프

[레이아웃용 아이템]

바닥재 ▶ 경석 / 적옥토 / 우드 칩

골격 ▶ 코르크 가지

식물 ▶ 관엽식물(스킨답서스) / 이끼(털깃털이끼) / 물이끼(관엽식물의 수분 공급용으로 뿌리에 감아 사용)

기타 ▶ 테라보드(백 패널 등에 사용) / 고무관(배수용)

[사육용 아이템]

물그릇 ▶ 파충류용 물그릇

[작업용 아이템]

고정용 ▶ 실리콘(내수성이 뛰어난 수지로 만든 접착제) / U자 못(U자형 못, 관엽식물 고정에 사용)

순서

순서① 완성 모습을 상상해 본다.

① 경석을 깔고, 골격을 결정한다.

경석을 깔고 그 위에 코르크 가지를 놓은 뒤 완성 형태를 상상해 본다.

NG 작업 순서에 집착하지 않는다.

비바리움은 기본적으로는 '바닥재 → 유목 등의 골격 → 식물 등의 아이템' 순으로 설치하면 순조롭게 작업할 수 있다. 다만 이 비바리움처럼 먼저 골격을 세우게 되면 다음 작업이 어려워질 수 있다. 완성된 이미지를 그려보고 순서를 고려한 후에 작업을 시작하자. 또한 상황에 맞춰 그때그때 적절하게 대처하는 것도 중요하다.

제작하기 전에는 코르크 가지 2개를 사용할 계획이었지만 외관상의 균형을 생각하여 1개만 사용했다.

순서② 백 패널과 패널을 설치한다.

① 보드 뒷면에 접착제를 바른다.

테라보드 뒷면에 접착제인 실리콘을 바른다.

② 보드를 사육장에 설치한다.

테라보드를 사육장 뒷면에 배치한다.

③ 코르크 가지를 설치한다.

골격이 되는 코르크 가지의 위치를 잡아 고정한다.

순서③ 식물과 물그릇 등의 위치를 결정한다.

① 적옥토를 깐다.
관엽식물과 고무관의 위치를 설정하고 적옥토를 깐다.

② 물그릇을 설치한다.
개구리류에게 물은 필수다. 물그릇의 위치를 결정한다.

Check!

배수용 관 설치

습도 관리와 수분 공급을 위해 분무기를 사용하면 사육장 바닥에 물이 고인다. 비바리움을 만드는 단계에서 사육장에 배수용 시설을 설치하면 관리하기 쉽다.

순서④ 배경 식물을 배치하고 마무리한다.

① 배경 식물의 위치를 결정한다.
U자 못을 이용해 백 패널에 관엽식물을 배치한다.

➡ 완성된 비바리움은 52쪽에

② 테라보드의 일부를 설치한다.
접착제로 테라보드의 일부를 사육장 옆면에 설치한다.

Check!

식물 뿌리에는 물이끼를

배경이 되는 관엽식물은 식물에 수분을 보충할 수 있도록 물이끼로 뿌리를 감싼 다음 설치한다. 그리고 백 패널과 백 패널의 틈새에 끼워 넣었다.

유지 보수와 사육 포인트

[유지 보수 포인트]
• 식물의 유지 보수
관엽식물이 자라면 그 상황에 맞춰 잘라준다.

[사육 포인트]
• 생물의 수분 공급 관리
물그릇은 매일 교체해주고 습도를 유지하기 위해 하루에 두 번(아침과 저녁)씩 분무해 준다.

작은 생물은 작은 사육장을 사용하고 이끼볼을 활용해 멋지게 마무리한다.

아직 성장 중인 작은 생물은 다소 작은 사육환경을 권장한다.
유목과 같은 머물 수 있는 곳이 꼭 필요하다. 다양하게 접근해 보자.

정면

Close Up

외나무 위에서 생활하는 개체이므로 유목은 필수다.

바닥에 이끼를 깔면 외관상 아름다움이 한층 더 높아진다.

같은 환경에서 사육할 수 있는 생물류
- 청개구리
- 유리개구리

※그 외 소형 개구리류 등

▪ 외관의 미적 요소를 더하기 위해 초록색을 배치한다.

아직 성장 중인 개구리를 사육하려면 작은 사육장을 마련해 사육환경을 조성하는 것이 좋다. 그런 다음 개구리가 성장함에 따라 큰 사육장으로 옮긴다. 일반적으로 개구리류의 먹이는 살아있는 귀뚜라미가 좋다고 한다. 따라서 공간이 좁으면 귀뚜라미를 잡기 쉽고 그로 인해 문제없이 성장할 수 있기 때문이다. 이번에는 햄스터 등 작은 동물 사육에도 사용하는 가로 너비 40cm 이하의 사육장을 사용했다. 한편, 관엽식물이나 이끼볼 등의 초록 식물을 활용하면 아름답고 멋진 비바리움을 만들 수 있다.

포인트

■ 초록 잎으로 아름답게

오스트레일리아청개구리는 반수상성으로 나무 위와 땅에서 모두 생활한다. 이 특성을 고려해 관엽식물을 설치했다. 한편, 식물은 비바리움의 미적 요소를 높이는 데도 도움이 된다. 여기서는 광택이 도는 예쁜 녹색 잎과 생명력이 강한 스킨답서스를 골랐다.

■ 물그릇 선택도 신중하게

개구리류는 물을 복부로 흡수하기 때문에 물그릇은 필수다. 제작하는 비바리움의 분위기에 맞는 물그릇을 선택하자.

■ 관엽식물의 뿌리를 이끼볼로 감싼다.

관엽식물의 뿌리를 이끼볼로 감싸는 것이 포인트다. 이렇게 하면 외관의 멋을 더할 뿐만 아니라 관엽식물의 위치가 높아지고 사육장 내부의 균형감이 좋아진다.

오스트레일리아청개구리(Litoria Caerulea) 알아보기

스노우 플레이크의 어린 개체(유체)

■ 오래 사는 큰 개구리

오스트레일리아청개구리는 호주 북동부와 뉴기니섬 남부에 서식한다. 한국, 중국, 일본 등지에서 흔히 볼 수 있는 청개구리와 같은 청개구리속이지만 이 개체가 더 크게 성장한다. 또 평균 15년 정도를 사는 개구리로 잘 알려져 있으며 길게는 20년까지 사는 개체도 있다.

식욕이 왕성하고 사람을 무서워하지 않는 개체가 많아 사육하기 쉬운 양서류다.

[생물 데이터]

- **생물분류** / 양서류, 청개구리과 청개구리속
- **전체 길이** / 약 7~12cm
- **수명** / 15년 정도
- **식성** / 육식성(귀뚜라미 등의 곤충류나 지렁이 등의 소형 동물이 주식)
- **생김새와 특징** / 전형적인 개구리의 외모를 가졌다. 눈이 크고 귀엽다.
- **사육 포인트** / 자연환경에서는 우기와 건기가 있는 초원이나 숲 등지에서 살지만 기본적으로는 습도가 높은 곳을 좋아하고 건조한 환경에 약한 편이다. 사육장 내부 온도는 낮에는 25° 정도, 밤에는 18~20° 정도가 좋다.
  먹이는 기본적으로 살아있는 귀뚜라미 또는 냉동 귀뚜라미를 주로 먹는다.

준비

▪ 투명하고 가는 줄을 사용한다.

관엽식물의 뿌리 주변을 아름답게 감싸기 위해 물이끼로 볼을 만든다. 이를 위해 투명하고 가는 줄을 사용하는데 낚싯줄 정도의 가는 줄이면 충분하다.

[사육장]

사육장 ▶ 사이즈 약 가로 36.8cm X 세로 22.2cm X 높이 26.2cm / 유리 제품

[레이아웃용 아이템]

바닥재 ▶ 적옥토(굵은 입자)

골격▶ 유목

식물 ▶ 관엽식물(스킨답서스 / 그릇으로 플라스틱 화분도 준비) / 이끼(여러 종) / 물이끼

[사육용 아이템]

물그릇 ▶ 파충류용 물그릇

[작업용 아이템]

고정용 ▶ 가늘고 투명한 줄(이끼볼 만들 때 사용)

순서

순서 ① 골격을 만들고 관엽식물의 위치를 결정한다.

① 적옥토를 바닥 전체에 깐다.

우선은 비바리움의 토대가 되는 부분을 작업한다. 적옥토를 바닥 전체에 깔아준다.

② 유목을 세팅한다.

비바리움의 골격이 되는 유목을 설치한다. 전체적인 균형을 고려해 위치를 결정한다.

Check!

적합한 사육장을 선택한다.

여기서는 햄스터 사육에도 사용하는 소형 사육장을 사용했다. 사육장 선택도 비바리움 제작에 중요한 포인트인데, 이 사육장은 오스트레일리아개구리의 어린 개체 사이즈에 적합하다.

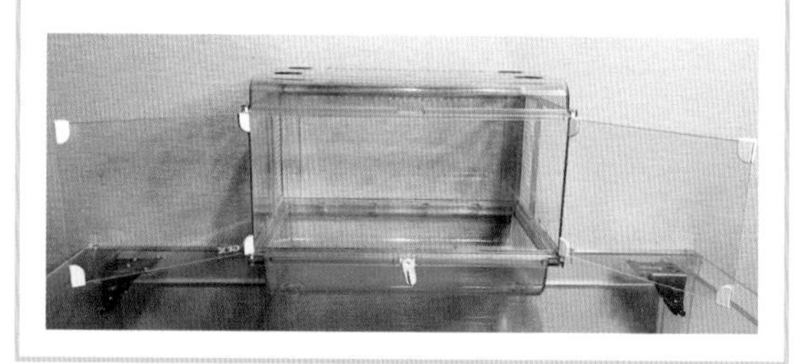

Check!

관엽식물의 위치를 생각한다.

유목을 설치하고 나면 다음은 식물의 위치를 생각한다. 필요에 따라서는 유목의 위치를 조정한다.

순서 ② 관엽식물의 뿌리를 이끼볼로 감싼다.

① 뿌리를 털어준다.
관상식물의 뿌리를 이끼볼로 감싸기 전 먼저 뿌리를 털어준다.

② 낚싯줄로 고정한다.
관엽식물의 뿌리를 물이끼로 감싸고 낚싯줄로 고정한다.

③ 완성 모습을 확인한다.
작업이 끝나면 이끼볼의 둥근 모양을 확인한다.

순서③ 이끼를 얹고 마무리한다.

① 물그릇과 관엽식물을 배치한다.
물그릇과 플라스틱 화분에 넣은 관엽식물의 위치를 잡는다.
➡ 완성된 비바리움은 56쪽에

② 이끼를 깔고 전체적인 균형을 확인한다.
적옥토 위에 이끼를 깔고 전체적인 균형을 확인한 뒤 필요에 따라 조정하면 완성이다.

유지 보수와 사육 포인트

[유지 보수 포인트]

• 바닥에 고인 물의 배수

바닥(적옥토를 깐 층)에 물이 고이면 위쪽 덮개를 떼어내고 유목 등의 레이아웃 아이템을 꺼낸 뒤에 사육장을 기울여 물을 빼낸다.

[사육 포인트]

• 물그릇과 습도 관리

매일 사육장 전체에 물을 분무하고 물그릇의 물도 교체한다. 관엽식물은 2~3일에 한 번 꺼내어 흠뻑 물을 준다.

Layout 06 볏도마뱀붙이(크레스티드 게코)

쉽게 관리할 수 있도록 유목을 공중에 띄워 설치한다.

유목과 코르크 튜브를 바닥에 붙이지 않고 공중에 띄워 배치하면 개성 넘치고 효율적으로 관리할 수 있는 비바리움을 완성할 수 있다.

Close Up

인공식물은 너무 두드러지지 않게 균형을 고려해 배치한다.

레이아웃 아이템은 모두 공중에 띄운 상태로 배치했다.

같은 환경에서 사육할 수 있는 생물류

- 가고일도마뱀붙이(Rhacodactylus Auriculatus)
- 토케이도마뱀붙이(Gekko Gecko)

※ 기타 소형 야행성 도마뱀붙이 등

▪ 유목이 보이게 인공식물을 고르게 배치한다.

유목과 코르크 튜브, 인공식물 등의 레이아웃 아이템을 공중에 띄워 설치한 개성 넘치고 아름다운 비바리움이다. 바닥재는 코코넛 껍질로 만든 우드 칩을 사용했으며 1~2개월에 한 번 전체를 교체한다. 이 비바리움은 레이아웃 아이템을 공중에 배치하기 때문에 작업을 진행하기가 쉬운 것이 특징이다. 그리고 이 비바리움은 아름다운 유목의 가지 흐름이 포인트다. 양치식물을 모티브로 포인트를 준 인공식물은 가지 모양이 잘 보이게 적당히 배치되어 있다.

포인트

▪ 아름다운 유목을 준비한다.

이 비바리움은 유목의 가지 형태가 매우 아름답다. 원래 유목을 공중에 띄워 설치하려면 유목의 모양이 그에 적합해야 한다. 그에 맞는 유목을 찾는 것이 비바리움을 만드는 어려움인 동시에 즐거움이기도 하다.

▪ 단단히 고정한다.

배치한 아이템들이 무너지지 않도록 만드는 것이 비바리움 제작의 기본이다. 특히 이 비바리움은 각각의 레이아웃용 아이템을 공중에 띄운 상태로 작업을 진행하기 때문에 그 중간은 물론, 완성 후에도 각 레이아웃용 아이템이 단단히 고정되어 있는지 안정성을 확인해야 한다.

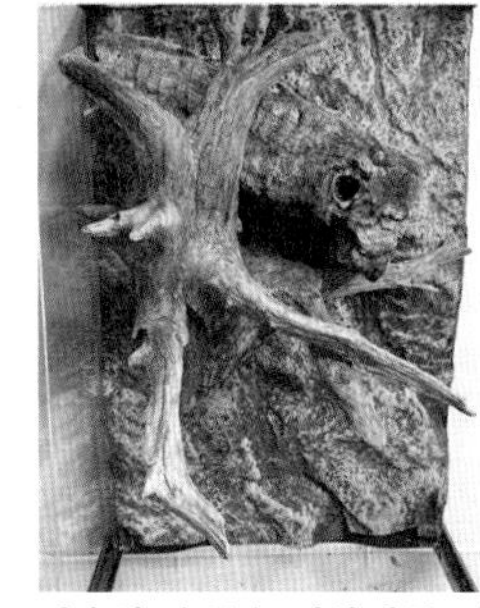

사용한 유목은 접착제를 사용하지 않아도 공중에 뜬 상태로 임시 고정이 가능한 형태였다.

접착제는 완전히 마를 때까지 단단히 고정시킨다.

볏도마뱀붙이(크레스티드 게코) 알아보기

릴리화이트(레드)

▪ 인간에게 경계심이 약해 키우기 쉬운 파충류

눈 위쪽에서 등에 걸쳐 나 있는 돌기가 왕관처럼 보인다고 해서 일본에서는 왕관 쓴 도마뱀붙이라고 부르기도 한다. 한국을 포함한 전 세계에서 폭넓게 사랑받는 애완용 도마뱀으로 인기가 많은 파충류다.

오스트레일리아 동부의 뉴칼레도니아 고유종으로 본섬 남부와 주변 섬에서 서식한다. 기본적으로 나무 위에서 생활하는 수상성 생물이며, 주로 야간에 활동하는 야행성이다. 인간에 대한 경계심이 낮아 사육하기 쉬운 파충류로 알려져 있다.

작업한 비바리움에서 사육할 수 있는 비슷한 유형의 종으로는 가고일도마뱀붙이 외에도 리치도마뱀붙이가 있지만 성체는 좀 더 큰 사이즈의 사육장이 필요하다.

[생물 데이터]

- **생물분류** / 양서류, 돌도마뱀붙이과 볏도마뱀붙이속
- **전체 길이** / 약 20~25cm
- **수명** / 10년 정도
- **식성** / 육식성이 강한 잡식(곤충류 외에 과일도 먹는다.)
- **생김새와 특징** / 속눈썹처럼 보이는 눈 위 돌기가 사랑스럽고 컬러 변이도 풍부하다.
- **사육 포인트** / 자생지인 뉴칼레도니아는 연간 평균기온이 24° 전후로 비교적 기온의 변화가 적다. 추운 계절에는 온도 관리에 특별히 신경을 쓰도록 한다. 한편, 꼬리는 한번 잘리면 재생이 안 되므로 핸들링할 때 주의하도록 한다.
  먹이는 주로 귀뚜라미 등 살아있는 곤충 또는 냉동 곤충을 먹는다.

준비

[사육장]

사육장 ▶ 사이즈 약 가로 31.5cm X 세로 31.5cm X 높이 47.5cm / 유리 제품

[레이아웃용 아이템]

바닥재 ▶ 우드 칩(코코넛 껍질 유형)
골격 ▶ 유목 / 코르크 튜브
식물 ▶ 인공식물

[작업용 아이템]

고정용 ▶ 실리콘(내수성이 뛰어난 수지로 만든 접착제)

▪ 코르크 튜브로 완성도를 높인다.

숲의 분위기를 연출하기 위해 유목과 함께 코르크 튜브를 사용한다. 이 코르크 튜브를 사용하면 비바리움의 완성도를 높일 수 있다.

순서

순서① 골격이 되는 유목과 코르크 나무껍질을 설치한다.

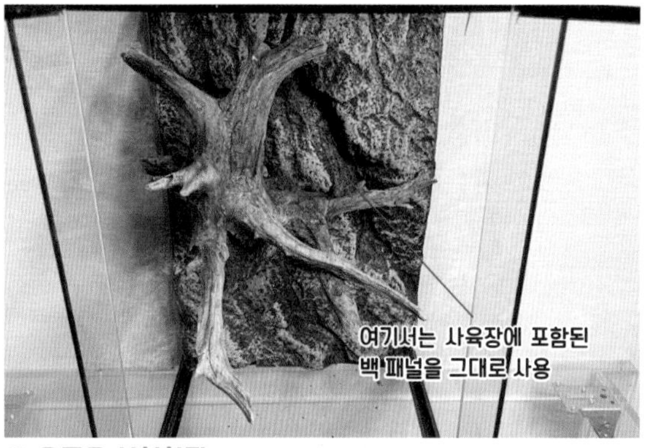

① 유목을 설치한다.

먼저 유목을 설치한다. 유목은 공중에 띄우기 때문에 사육장에 단단히 고정한 후 작업을 진행한다.

② 코르크 튜브를 설치한다.

사육장 내부의 입체감을 높이기 위해 백 패널 사이에 코르크 튜브를 설치한다.

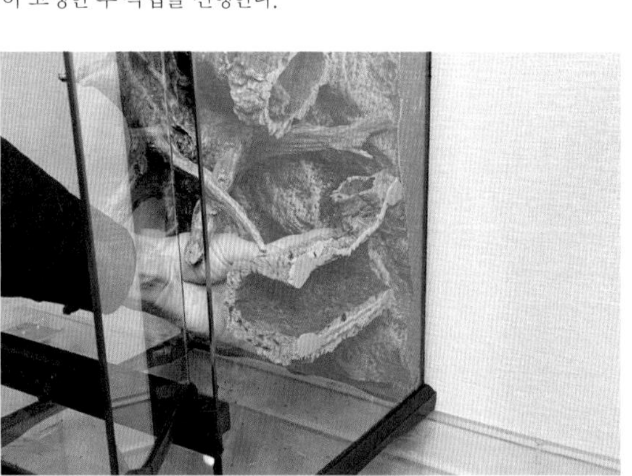

③ 코르크 튜브를 옆면에 붙인다.

레이아웃 형태와 유목을 안정시키기 위해 반으로 자른 코르크 튜브를 실리콘을 이용해 사육장 옆면에 붙인다.

Check!

고정시킨 후 건조시킨다.

사용하는 양에 따라 다르지만 실리콘은 완전히 건조되기까지 24시간 정도가 소요된다. 마를 때까지 단단히 고정시킨다.

순서② 인공식물을 배치한다.

① 인공식물의 위치를 결정한다.
포인트가 되는 인공식물을 유목에 설치한다.

② 균형을 확인한다.
인공식물의 설치가 끝나면 전체적인 균형을 확인한다.

Check!

적합한 식물을 사용한다.

볏도마뱀붙이는 야행성으로 주행성 개체만큼 햇빛이 필요하지 않다. 자연환경을 표현하기 위해서는 살아있는 식물이 좋지만, 개체의 사육환경에 맞추면 일조량 부족으로 시들어버릴 가능성이 높으므로 여기서는 인공식물을 사용했다.

순서③ 바닥재를 세팅하여 마무리한다.

① 바닥재를 깐다.
바닥 전체에 깔아준다. 바닥재의 두께는 3cm 정도, 그 위에 물그릇을 놓으면 완성이다.
➡ 완성된 비바리움은 60쪽에

Check!

고정 정도가 약하면 붕괴될 가능성
이 있으므로 주의한다.

안정성을 꼼꼼하게 확인한다.

이 비바리움은 유목이 공중에 떠 있어 생물을 넣기 전에 설치 아이템의 안정성을 꼼꼼하게 확인했다.

유지 보수와 사육 포인트

[유지 보수 포인트]
• 위생 관리
사육장 유리가 더러워지면 깨끗이 닦아준다. 바닥재는 1~2개월에 한 번씩 전체를 갈아준다.

[사육 포인트]
• 생물의 수분 공급 관리
생물의 수분 공급을 위해 매일 아침과 저녁 두 번에 걸쳐 전체에 분무해 주는 것이 이상적이다.

Layout 07 리치도마뱀붙이

속이 빈 숲속 나무를 형상화, 큰 사육장을 이용한 대담한 레이아웃

리치도마뱀붙이처럼 대형 도마뱀붙이류는 사육장과 레이아웃용 아이템을 큰 것으로 준비한다.

Close Up

코르크 튜브는 리치도마뱀붙이에게 잘 맞는다.

양치식물을 본뜬 인공식물은 균형을 고려해 배치한다.

같은 환경에서 사육할 수 있는 생물류
- 가고일도마뱀붙이(Rhacodactylus Auriculatus)
- 볏도마뱀붙이
- 토케이도마뱀붙이(Gekko Gecko)

※ 기타 야행성 도마뱀붙이류 등

▪ 큰 도마뱀붙이에게 적합한 활동성이 뛰어난 비바리움

리치도마뱀붙이는 전체 길이가 최대 40cm나 되는 대형 도마뱀붙이의 일종이다. 따라서 그 크기에 맞게 대형 사육장을 사용했다. 크고 굵은 유목과 코르크 튜브를 설치하여 활동성을 살린 비바리움이다. 숲에서 볼 수 있는 속이 빈 나무를 재현하기 위해 그와 유사한 형태의 코르크 튜브를 사용한 점이 포인트다. 이 코르크 튜브는 크고 무겁기 때문에 리치도마뱀붙이가 움직일 때 무너지지 않도록 단단히 고정해야 한다.

포인트

■ 골격이 매력 포인트

이 비바리움의 골격은 큰 코르크 튜브와 유목이다. 우선 자신이 구상한 이미지와 맞는 물품을 구하는 것이 주요 포인트다. 골격을 만들 때는 접착제를 이용하거나 코르크 튜브와 유목을 잘 조합하여 단단히 고정한다.

■ 인공식물을 이용

인공식물을 사용해 비바리움에 초록의 색채를 입힌다. 뿌리가 철사인 유형은 설치할 위치 선정이 좀 더 유연하다는 장점이 있다.

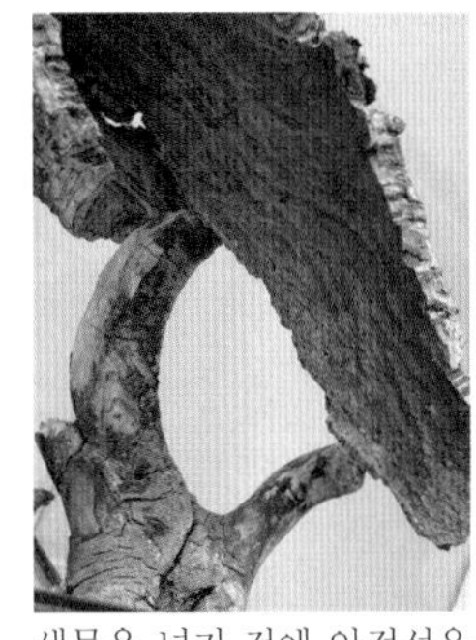

생물을 넣기 전에 안정성을 확인한다.

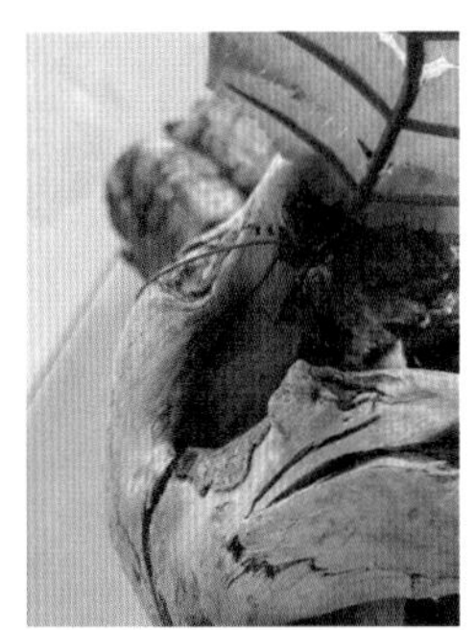

철사가 있으면 감아서 고정할 수 있다.

리치도마뱀붙이 알아보기

리치도마뱀붙이속 마운틴 고히스(Mt. Koghis) 종의 어린 개체

■ 인간에 대한 경계심이 약해 키우기 쉬운 파충류

리치도마뱀붙이(Leach's Giant Gecko)는 사육자들 사이에서는 '리키에너스(Leachianus)' 줄여서 리키로 더 많이 불리지만 정식 명칭은 뉴칼레도니아 자이언트 게코(New Caledonian Giant Gecko)다.
호주 동쪽에 있는 뉴칼레도니아에 분포하며, 시중에 유통되는 개체는 교배종이다. 도마뱀붙이류 중에는 대형에 속하며 사육장 역시 대형 제품이 적합하다. 야행성으로 움직임은 느린 편이다.

[생물 데이터]

- **생물분류** / 파충류, 돌도마뱀붙이과 리치도마뱀붙이속
- **전체 길이** / 약 35~40cm
- **수명** / 30년 정도
- **식성** / 육식성이 강한 잡식(곤충류 외에 과일도 먹는다.)
- **생김새와 특징** / 몸이 나무껍질과 비슷한 색을 띠며 환경에 따라 색을 어느 정도 바꿀 수 있다.
- **사육 포인트** / 뉴칼레도니아는 연간 평균기온이 24° 전후로 비교적 기온의 변화가 적은 곳이기 때문에 추운 계절에는 온도 관리에 특별히 신경을 써야 한다.
  먹이는 귀뚜라미 등 살아있는 곤충(또는 냉동 곤충)이나 냉동 쥐 또는 물과 섞어 사용하는 도마뱀붙이용 파우더도 좋다. 성격이 온순하고 핸들링도 가능해 사육하기 쉽다.

준비

[사육장]
사육장 ▶ 사이즈 약 가로 46.8cm X 세로 46.8cm X 높이 60.6cm / 유리 제품

[레이아웃용 아이템]
바닥재 ▶ 우드 칩(코코넛 바크)
골격 ▶ 유목 / 코르크 튜브
식물 ▶ 인공식물(양치식물과 덩굴성 식물을 본뜬 2종류)

[작업용 아이템]
고정용 ▶ 실리콘(내수성이 뛰어난 수지로 만든 접착제)

▪ 대형 사육장에서 관리한다.

리치도마뱀붙이는 큰 개체의 경우 40㎝나 되는 대형 도마뱀붙이다. 몸 크기에 맞게 높이 60㎝의 대형 사육장을 사용했다.

순서

순서① 골격을 만든다.

① 레이아웃을 고려한다.
레이아웃용 아이템을 우선 배치해 보고 완성된 모습을 예상한다.

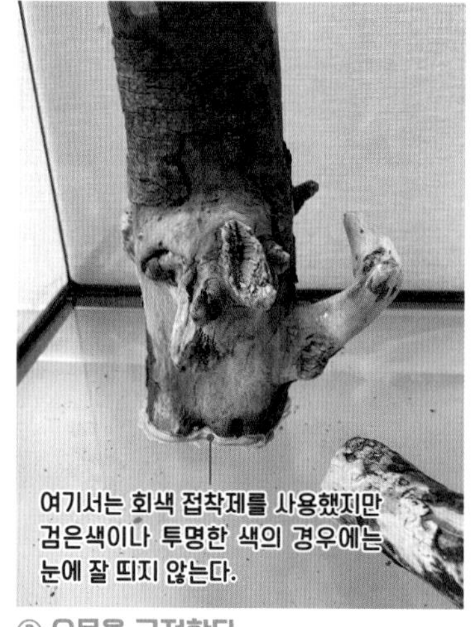

② 유목을 고정한다.
코르크 튜브를 지탱하는 유목을 접착제를 사용해 사육장 바닥에 고정한다.

③ 코르크 튜브를 설치한다.
접착제가 마르면 유목 위에 코르크 튜브를 설치한다.

이미지에 맞는 아이템을 찾는다.

나무의 줄기나 굵은 가지에 생긴 동굴 형태의 공간을 '나무 공동'이라 한다. 이 비바리움에서는 원통형의 나무 공동이 있는 큰 코르크 튜브를 선택했고, 그것이 포인트가 되었다. 또한 코르크 튜브를 지탱할 수 있게 크고 모양이 뛰어난 유목으로 골랐다. 이처럼 비바리움 제작에는 아이템 선택도 완성도를 좌우하는 중요한 요소 중 하나다.

순서② 바닥재를 깔고 식물을 설치한다.

① **바닥재를 깐다.**
사육장 바닥 전체에 바닥재를 2~3cm 두께로 깐다.

② **인공식물을 설치한다.**
유목에 인공식물을 설치한다.

Check!

가지에 감아 고정한다.

인공식물은 시들지 않고 설치하기 쉽다는 장점이 있다. 여기서는 줄기가 철사인 유형을 사용하여 유목 가지에 감아 고정했다.

순서③ 식물을 설치하고 마무리한다.

① **다른 식물의 위치를 결정한다.**
사육장 내부의 초록 색채를 더하기 위해 인공식물을 추가한다. 위치는 전체의 균형을 보고 결정한다.

➡ 완성된 비바리움은 64쪽에

② **다른 식물을 배치한다.**
다른 인공식물을 배치하고 안정성을 확인하면 완성이다.

MEMO

큰 사육장을 사용한다.

성장 중인 생물의 사육장 크기에 관해서는 의견이 분분하다. 여기서 소개하는 비바리움은 리치도마뱀붙이의 어리고 작은 개체지만 좀 더 성장할 것을 예상하고 큰 사육장을 사용한다. 단, 56쪽의 오스트레일리아청개구리처럼 살아있는 먹이를 먹는 경우에는 작은 사육장에서 키우는 편이 좋을 수도 있다.

유지 보수와 사육 포인트

[유지 보수 포인트]

• 위생 관리
사육장 유리가 더러워지면 깨끗이 닦아준다. 바닥재는 1~2개월에 한 번씩 전체를 교체한다.

[사육 포인트]

• 생물의 수분 공급 관리
아침과 저녁으로 매일 2번, 전체 분무가 이상적이다. 물그릇을 사용해도 좋으며 그 경우에는 물을 매일 갈아준다.

Layout 08 보르네오 캣 게코

정글 이미지를 최대한 살리기 위해 녹색이 선명한 식물을 풍성하게 사용한다.

비바리움은 그 생물이 서식하는 자연환경을 재현하는 것이 목적이다.
정글이라면 식물을 충분히 사용하는 것이 포인트다.

Close Up

안쪽 굵은 가지는 정글의 부러진 가지를 표현한 것이다.

바로 위에서 본 모습. 이끼는 사육장의 구석에 배치했다.

■ 균형을 고려해 식물을 배치한다.

보르네오 캣 게코는 정글의 자연환경에서 서식한다. 이 비바리움은 정글의 자연환경을 고려해 녹색이 선명한 식물을 풍성하게 사용했다. 또한 정글 분위기를 연출하기 위해 굵은 가지를 수직에 가깝게 배치하여 땅 위에 떨어진 부러진 가지를 표현했다. 단, 식물이 너무 많으면 전체적인 균형이 깨질 수 있으므로 주의한다. 이끼는 유목의 뿌리 등 범위를 좁혀 설치했다.

같은 환경에서 사육할 수 있는 다른 생물

- 독화살개구리
- 중국 동굴 도마뱀붙이/케이브 게코(Goniurosaurus Hainanensis)
- 고양이도마뱀붙이(Aeluroscalabotes Felinus)

※ 기타 야행성 도마뱀붙이류 등

포인트

■ **식물을 위쪽에 배치한다.**

좀 더 입체적으로 완성하기 위해 일부 관엽식물은 위쪽에 배치했다.

왼쪽 뒤는 플로럴 폼을 이용해 높이를 조정했고 고정하기 위해 제올라이트 배합 조형재(아트소일(퍼티), 붙이는 흙 등)를 사용했다. 오른쪽 서 있는 유목 윗부분에는 식물을 채워 넣었다.

■ **관리에 대한 고려를 한다.**

작업에 사용한 사육장에는 배수용 구멍이 없지만 바닥에 고인 물을 빼기 위해 사육장 구석에 플라스틱 관을 설치했다. 물은 사이펀의 원리를 이용해 빼낸다.

제올라이트 배합 조형재로 외관상 위화감을 주지 않으면서 각각의 레이아웃용 아이템을 고정한다.

속이 빈 코르크 튜브를 그릇으로 활용한다. 물이끼를 채워 높이를 조절하고 그곳에 식물을 넣는다.

보르네오 캣 게코 알아보기

■ **끝이 말리는 꼬리로 물건을 잡을 수 있다.**

보르네오 캣 게코는 이름에서 알 수 있듯이 보르네오섬에 분포하는 고양이도마뱀붙이의 일종이다. 고양이도마뱀붙이는 국내에서는 '캣 게코(Cat Gecko)'로 널리 알려져 있는데 이것은 꼬리를 말고 자는 모습이나 꼬리를 들고 사뿐사뿐 걷는 모습이 고양이를 닮은 데서 유래했다고 한다.

꼬리는 끝이 옆으로 말려 들어가 물건을 잡을 수 있다. 야행성이며 성격은 온순한 편이지만 조금 신경질적인 면이 있다고 한다.

[생물 데이터]

- **생물분류** / 파충류, 표범도마뱀붙이과 고양이도마뱀붙이속
- **전체 길이** / 약 18~21cm
- **수명** / 5~10년 정도
- **식성** / 육식성(곤충과 절지동물이 중심)
- **생김새와 특징** / 고양이도마뱀붙이속 중에서도 등에 흰 선이 있는 것이 특징이다.
- **사육 포인트** / 보르네오섬은 면적이 75만 1,929㎢로, 세계에서 3번째로 큰 섬이다. 적도 바로 밑에 위치하고 있어 열대우림, 이른바 정글이 펼쳐진다. 따라서 고온다습한 환경을 선호하지만 보르네오 캣 게코는 극단적인 고온다습은 좋아하지 않는다고 한다. 먹이는 귀뚜라미 등 살아있는 곤충이나 냉동 곤충을 주로 먹는다.

준비

속이 빈 코르크 튜브

세로로 잘라 은신처로 사용

▪ 속이 빈 코르크 튜브를 활용한다.

속이 빈 코르크 튜브를 관엽식물을 심는 용기나 은신처로 활용했다.

[사육장과 조명]

사육장 ▶ 사이즈 약 가로 31.5cm X 세로 31.5cm X 높이 47.5cm / 유리 제품

조명 ▶ 가시광선 램프

[레이아웃용 아이템]

바닥재 ▶ 경석 / 적옥토 / 우드 칩(파인바크 : 소나무 껍질 칩)

골격 ▶ 유목 / 코르크 튜브

식물 ▶ 관엽식물(대형 2종, 소형 3종) / 다소 굵은 가지(분위기 연출용) / 물이끼

기타 ▶ 플로럴 폼 / 제오라이트 배합 조형재(뒷면에 사용(아트소일(퍼티), 붙이는 흙 등)) / 플라스틱 관(배수용)

순서

순서① 바닥재를 깐다.

① 경석과 적옥토를 깐다.

먼저 경석을 깔고 그 위에 적옥토를 덮는다.

② 우드 칩을 깐다.

적옥토 위에 우드 칩을 깐다.

Check!

배수를 고려한다.

비바리움의 유형에 따라 배수를 고려해야 한다. 여기서는 배수를 위해 플라스틱 관을 설치했다.

순서② 골격을 만든다.

① 대형 식물을 설치한다.

비바리움의 골격이 되는 대형 관엽식물과 유목을 설치한다.

② 식물을 추가한다.

필요에 따라 골격이 되는 대형 식물을 추가한다.

③ 코르크 튜브를 설치한다.

바닥재를 가볍게 파고 큰 코르크 튜브를 세워서 설치한다.

순서③ 식물을 배치한다.

① 코르크 튜브에 식물을 심는다.
코르크 튜브의 빈 속에 관엽식물을 심는다.

② 뒷면에 식물을 설치한다.
플로럴 폼 등을 이용해 식물을 배치한다.

토대가 되는 플로럴 폼으로 높이를 조정하고 그 위에 식물을 넣은 플로럴 폼을 설치한다.

뒤쪽 면을 아름답게 마무리한다.

여기서는 안쪽 공간에 관엽식물을 배치했다. 플로럴 폼을 토대로 설치하고 그 위에 관엽식물을 심은 플로럴 폼을 설치했다. 마무리로 제올라이트 배합 조형재(아트소일(퍼티), 붙이는 흙 등)로 단단히 고정했다.

순서④ 다양한 아이템을 설치하여 마무리한다.

① 코르크 튜브를 설치한다.
은신처 대신 코르크 튜브를 바닥재 위에 설치한다.

➡ 완성된 비바리움은 68쪽에

② 가지를 세워서 설치한다.
분위기를 내기 위해 오른쪽 뒤에 가지를 세워 설치한다.

③ 이끼를 설치하고 마무리한다.
이끼를 얹고 전체적인 균형을 확인한다. 마지막 조정을 하고 나면 완성이다.

유지 보수와 사육 포인트

[유지 보수 포인트]
• 사육장 바닥에 고인 물 관리
일반적으로 플라스틱 관은 솜 등으로 막아두었다가 사육장 바닥에 물이 고이면 막았던 것을 빼고 사이펀 원리를 이용해 물을 빼낸다.

[사육 포인트]
• 생물의 수분 공급 관리
수분 공급을 위해서는 매일 아침과 저녁으로 분무하는 것이 기본이지만 물그릇을 설치하는 것도 대안이다.

그물망 사육장을 사용, 인공 소재만으로 카멜레온이 서식하는 자연환경을 재현한다.

인공 아이템만으로도 자연의 숲을 재현할 수 있다.
이러한 비바리움은 관리가 쉽다는 것이 장점이다.

Close Up

사육장 한쪽에 식물이 밀집한 구역을 만들었다.

사육장 아래쪽에는 범위를 좁혀 녹색 식물을 배치해 포인트를 주었다.

같은 환경에서 사육할 수 있는 생물류
- 팬서 카멜레온(Furcifer Pardalis)

※ 기타 카멜레온류 등

▪ 전체적인 균형을 고려해 식물 밀집 구역을 만든다.

인공식물과 인공덩굴, 펫시트 등의 인공 아이템만으로 제작한 비바리움이다. 인공 아이템은 만들기 쉽고 관리하기 쉽다는 장점이 있다. 그러나 인공 아이템만으로 자연환경을 재현하려면 좀 더 많은 노력이 필요하다. 이 비바리움에는 자연의 숲에서 볼 수 있는 식물 밀집 지역을 만들었다. 식물이 너무 넓은 범위에 걸쳐 밀집해 있으면 베일드카멜레온을 관찰하기 어렵다. 전체적인 균형을 고려해 식물이 밀집한 공간의 비율과 위치를 결정하는 것이 중요하다는 점을 알아둔다.

포인트

▪ 식물이 밀집한 지대를 만든다.

이 비바리움에 사용한 아이템 중에서 볼륨감 있는 인공식물이 큰 포인트다. 이 식물을 배치하는 방법에 따라 완성 이미지가 크게 달라진다. 여기서는 골격이 되는 인공덩굴의 형태를 염두에 두고 식물이 어디에 밀집하면 베일드카멜레온이 자연스럽게 숨을 수 있을지를 고려하여 사육장 왼편에 설치했다.

▪ 그물망(메쉬) 사육장

여기서는 베일드카멜레온의 크기에 맞춰 대형 사육장을 사용했다. 또한 이 사육장은 윗면과 벽면이 그물망으로 되어 있어 레이아웃용 아이템을 설치하기 쉬운 것이 장점이다. 이렇게 이미지에 맞는 사육장을 선택하는 것도 비바리움 제작의 중요한 요소다.

숲에 서식하는 베일드카멜레온에게는 식물이 잘 맞는다.

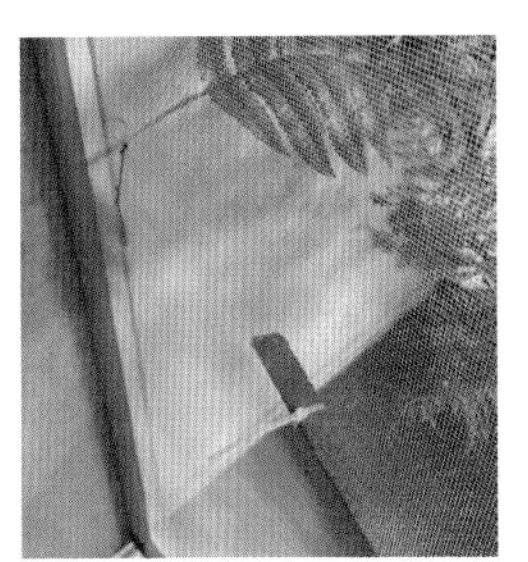

그물망으로 된 벽면은 통기성이 좋다.

베일드카멜레온 알아보기

▪ 가장 인기 있는 카멜레온

머리의 큰 돌기가 마치 투구를 쓴 것처럼 생겨서 'Veiled'라는 이름이 붙었다고 한다. 최대 성장 크기는 수컷 65cm, 암컷 45cm 정도로 암수 개체의 크기가 각각 다른데 수컷이 더 크게 성장한다.

카멜레온 중에 가장 널리 보급된 종의 하나로 국내는 물론 전 세계적으로 인기가 많다. 아시아와 아프리카를 잇는 아라비아반도의 남서부 삼림에 서식하지만, 국내외에서 인공 번식이 이루어지고 있다.

몸은 푸른빛이 도는 밝은 녹색이 기본이지만 주변 환경에 따라 변할 수 있으며 연한 노란색 줄무늬와 진한 갈색 반점이 있다.

[생물 데이터]

- **생물분류** / 파충류, 카멜레온과 카멜레온속
- **전체 길이** / 약 30~65cm
- **수명** / 5~8년 정도
- **식성** / 육식성이 강한 잡식(곤충이나 절지동물이 중심, 식물의 잎이나 열매도 먹는다.)
- **생김새와 특징** / 최대 65㎝ 정도까지 성장하며 머리에 큰 돌기가 있다.
- **사육 포인트** / 기본적으로 고온다습한 환경을 좋아하지만 어느 정도는 환경 변화에 대응한다. 단, 지나치게 추운 계절엔 온도 관리에 주의를 기울여야 하며 일반적으로 적외선 램프와 자외선이 부족하지 않도록 UV 램프를 설치한다.
  먹이는 냉동을 포함한 귀뚜라미를 주식으로 한다. 핀셋으로 주는 사육자도 많다.

준비

[사육장과 조명]

사육장 ▶ 사이즈 약 가로 45.0cm X 세로 45.0cm X 높이 80.0cm / 프레임은 알루미늄 합금 제품, 윗면과 벽면은 금속제 그물망

조명 ▶ 적외선 램프 / UV 램프(이 사육장에는 겸용 램프를 사용)

[레이아웃용 아이템]

바닥재 ▶ 펫시트

골격 ▶ 인공덩굴

식물 ▶ 인공식물(메인과 서브가 되는 복수 종)

[작업용 아이템]

고정용 ▶ 케이블 타이(사육장에 인공덩굴을 고정하기 위해 사용)

▪ 수상성 생물의 비바리움에서 중요한 역할을 하는 인공덩굴

이 비바리움에서 가장 특징적인 아이템이 인공덩굴이다. 자유롭게 구부릴 수 있어 베일드카멜레온처럼 크기가 큰 수상성 생물의 비바리움 제작에 편리한 아이템이다. 여기서는 인공덩굴 고정을 위해 케이블 타이를 사용했다.

순서

순서① ▶ 골격을 만든다.

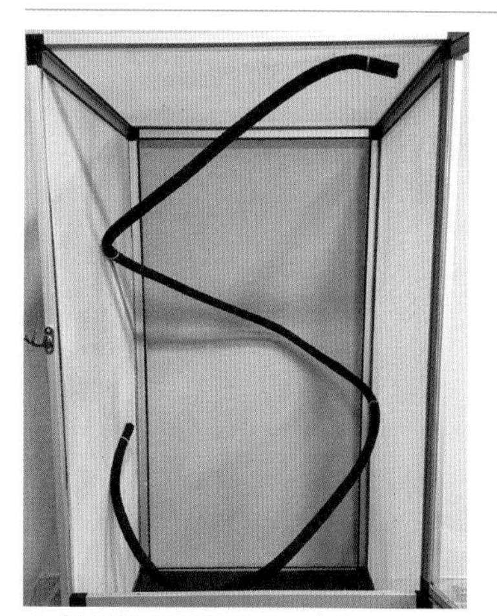

① 첫 번째 인공덩굴을 설치한다.

여기서는 2개의 인공덩굴로 골격을 만든다. 먼저 한 개를 S자형으로 설치한다.

② 두 번째 인공덩굴을 설치한다.

두 번째 인공덩굴을 위에서 아래로 늘어뜨리는 방식으로 설치한다.

Check!

단단히 고정한다.

인공덩굴은 케이블 타이를 이용해 단단히 고정한다. 윗면과 벽면이 금속제 그물망인 사육장은 이런 장점이 있다.

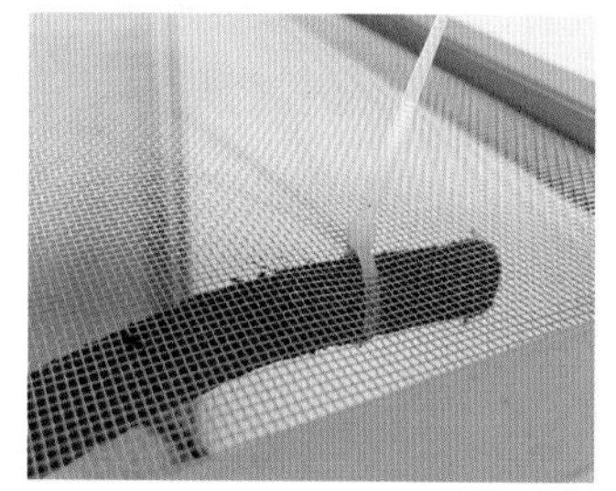

설치하고 나면 안정성을 꼼꼼히 확인한다.

Check!

입체적인 운동을 고려하여 골격을 만든다.

베일드카멜레온은 거의 나무 위에서 생활하는 생물로 건조한 곳에서 서식하는 생물과는 달리 입체적인 활동을 한다. 비바리움을 제작할 때는 위아래로 움직이는 동선을 고려해야 한다. 첫 번째 인공덩굴을 설치하는 단계에서 S자 모양으로 설치한 인공덩굴은 확실히 위아래로 이동할 수 있다는 점을 염두에 두었다. 한편, 두 번째 설치한 인공덩굴은 옆으로 이동하기 위해 너비가 필요하다는 점을 고려한 것이다.

순서② 식물과 바닥재를 설치하고 마무리한다.

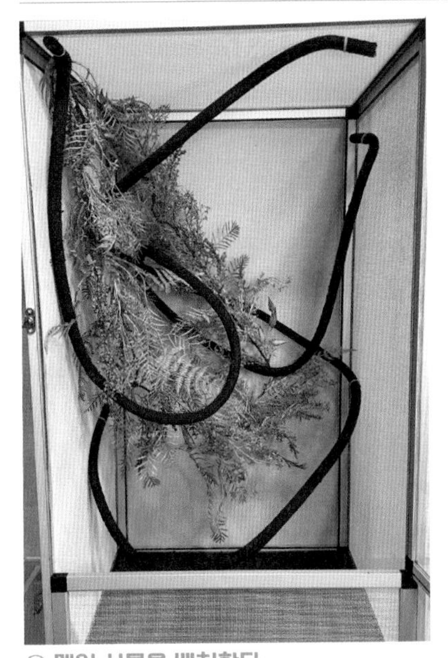

① **메인 식물을 배치한다.**

식물 중에서 메인이 되는 큰 인공식물의 위치를 결정한다.

② **서브 식물을 배치한다.**

사육장 안에 녹음을 더할 수 있는 서브 인공식물을 배치한다.

나뭇잎의 물방울로 수분을 섭취

베일드카멜레온은 나뭇잎에 맺힌 물방울을 핥아 수분을 보충한다. 비바리움을 제작할 때는 개체의 생태도 고려하여 식물을 설치한다.

③ **바닥재를 깐다.**

바닥재를 깐다. 여기서는 펫시트를 사용했다.

➡ 완성된 비바리움은 72쪽에

④ **조명을 설치하고 마무리한다.**

조명을 설치한다. 필요에 따라 아이템의 위치를 조정하면 완성이다.

MEMO

미스팅 시스템도 OK

베일드카멜레온을 키울 경우 사육자가 정기적으로 분무를 하여 수분을 공급하는 방법 외에도 미스팅기(미스팅 시스템)를 설치할 수 있다. 미스팅 시스템은 시중에서 구입할 수 있다.

미스팅기 시스템을 설치하면 매일 분무하는 수고를 줄일 수 있다.

유지 보수와 사육 포인트

[유지 보수 포인트]

• 펫시트 교체

펫시트의 가장 큰 장점은 교체가 쉽다는 것이다. 더러워지면 바로 교체한다.

[사육 포인트]

• 생물의 수분 공급 관리

너무 다습한 환경을 조성할 필요는 없지만 매일 2번, 아침과 저녁에 분무해 주는 것이 기본이다. 자동 미스팅 시스템을 사용해도 OK.

Layout ▸ 10 청대장

직접 만든 은신처를 효과적으로 배치하고 신비로운 이미지의 백 패널을 활용한다.

독특한 분위기의 백 패널을 활용하는 비바리움은 그에 맞는 아이템을 선택해 백 패널이 보이도록 배치하는 것에 신경 쓴다.

정면

Close Up

신비한 분위기의 백 패널은 아름다운 뱀과 잘 어울린다.

인공식물이라면 뱀의 활동으로 엉망이 될 걱정이 없다.

■ 잘 보이는 각도에서 아이템의 위치를 결정한다.

이 비바리움은 조금 희귀한 알비노 청대장의 어린 개체를 위해 제작했다. 청대장은 전체 길이가 100~200cm나 되기 때문에 이 비바리움은 크기가 작은 뱀을 위한 것이다.

청대장은 활동량이 많은 편이므로 공들여 만든 비바리움에는 그다지 적합하지 않다. 그래서 분위기가 있고 존재감이 있는 백 패널을 구해 사용한 것이 큰 포인트다. 이 백 패널을 잘 활용하기 위해서는 미리 백 패널이 보일 부분을 결정하고, 평소에 자주 관찰하게 되는 정면을 기준으로 아이템이 시야를 가리지 않도록 배치했다.

같은 환경에서 사육할 수 있는 생물류

- 옥수수뱀(Pantherophis Guttatus)

※ 기타 소형 뱀

- 볏도마뱀붙이
- 가고일도마뱀붙이
- 토케이도마뱀붙이

※ 기타 도마뱀붙이류 등

포인트

▪ 위아래로 이동하는 동선도 고려한다.

청대장은 몸을 잘 써서 나무에 오르는 것이 능숙하다. 그러므로 청대장의 입체적인 활동을 고려해 세로로 긴 사육장을 선택하는 것이 좋다.

▪ 사육장 내부에 암석 지대를 만든다.

자연환경에서는 청대장이 바위가 많은 지역에서 일광욕을 즐기는 모습을 흔히 볼 수 있다. 그 생태를 고려해 직접 만든 은신처 주변에 용암석을 설치하여 사육장 안에 암석 지대를 만든다. 청대장을 포함한 뱀류는 탈피 시기에 거친 암석에 몸을 문질러 탈피하기 때문에 이 암석 지대는 탈피 장소의 역할도 한다.

청대장 알아보기

어린 알비노 개체

▪ 움직임이 활발한 주행성 뱀

일본에 널리 분포하는 일본 고유종이다. 주택가에도 모습을 나타내는 친근한 파충류로 독이 없다. 일본에서 가장 큰 뱀의 일종으로 몸길이가 200cm나 되는 개체도 있다. 눈이 동그랗고 잘 보면 얼굴에 애교가 넘친다.

지역이나 개체에 따라 미묘하게 무늬와 색이 다르다. 예컨대 홋카이도에 사는 개체는 푸른 빛이 강하다고 한다. 한편, 사육자들 사이에서는 알비노 개체가 인기가 있다. 주행성이고 움직임이 활발한 것이 특징이며 힘이 세므로 탈주 가능성에 주의를 기울인다.

[생물 데이터]

- **생물분류** / 파충류, 뱀과 구렁이속
- **전체 길이** / 약 100~200cm
- **수명** / 10~20년 정도
- **식성** / 육식성(조류나 조류의 알, 소형 포유류를 주로 먹는다.)
- **생김새와 특징** / 뱀의 특성이 뚜렷하며 해외에서 애완용으로 인기가 있다.
- **사육 포인트** / 일본에 분포하고 있어 일본 기후와 유사한 한국에서는 기온과 습도에 크게 신경 쓸 필요가 없다. 한편, 사육환경은 겨울에도 일정한 온도(20° 정도 기준으로)를 유지해 동면을 시키지 않는다.
  먹이는 파충류 숍 등에서 판매하는 냉동 쥐를 주식으로 한다.

준비

[사육장과 조명]
사육장 ▶ 사이즈 약 가로 31.5cm X 세로 31.5cm X 높이 47.5cm / 유리 제품
조명 ▶ 필요에 따라 약한 자외선 램프를 설치한다.

[레이아웃용 아이템]
바닥재 ▶ 우드 칩(코코넛 바크 유형)
골격 ▶ 유목
식물 ▶ 인공식물
기타 ▶ 용암석 / PVC관 T형 조인트

[레이아웃용 아이템]
물그릇 ▶ 파충류용 물그릇

[작업용 아이템]
고정용 ▶ 실리콘(내수성이 뛰어난 수지로 만든 접착제)

▪ 사육장에 딸린 백 패널을 활용한다.

이 비바리움은 사육장에 딸린 백 패널을 사용했다. 최근에는 이처럼 디자인이 뛰어난 사육장을 시중에서 판매하고 있기 때문에 제작단계에서 아이템을 선택하는 것이 비바리움 제작의 중요한 요소가 되었다.

순서

순서① 토대를 만든다.

① 유목을 설치한다.
우선 골격이 되는 유목을 사육장 안에 설치한다.

② 우드 칩을 깐다.
사육장 바닥에 우드 칩을 고르게 깔아 준다. 두께는 3㎝ 정도가 바람직하다.

NG 아이템을 바로 교체하지 않는다.

비바리움을 제작할 때는 기본적으로 사육장의 크기를 확인한 후 크기에 맞는 유목 등의 레이아웃 제품을 선택한다. 하지만 사육장과 꼭 들어맞지 않는다고 그 아이템을 포기하는 안타까운 경우가 있다. 이 비바리움도 유목의 크기가 맞지 않아 톱으로 잘라 사육장 크기에 맞추어 사용했다. 이렇게 작은 시도만으로도 충분히 문제를 해결할 수 있는 경우도 있다.

순서② 은신처를 만든다.

① 은신처의 완성된 모습을 상상해 본다.
이 비바리움의 은신처는 직접 만들었다. 먼저, 은신처의 소재들을 확인하고 완성된 상태를 그려본다.

② PVC관에 용암석을 접착한다.
실리콘으로 PVC관에 용암석을 붙인 후 완전히 마를 때까지 시간을 두고 기다린다.

순서③ 레이아웃용 아이템을 설치하고 마무리한다.

① 인공식물을 설치한다.

준비한 각각의 아이템을 설치한다. 먼저 인공식물을 설치한다.

② 물그릇을 배치한다.

물그릇을 배치한다. 여기서는 오른쪽 앞에 위치를 잡았다.

Check!

도구를 활용하여 고정한다.

아이템을 고정하는 방법도 상황에 따라 다르게 접근해 보자. 여기서는 인공식물을 백 패널에 꽂아 고정했다. 그리고 고정한 뒤에는 떨어지지 않도록 안정성을 확인하는 것도 잊지 말아야 한다.

③ 은신처를 설치한다.

은신처를 설치한다. 여기서는 왼쪽 안쪽에 위치를 잡았다.

➡ 완성된 비바리움은 76쪽에

④ 용암석을 설치하고 마무리한다.

은신처 주변에 용암석을 깔아준다. 이로써 이 주변은 암석 지대 공간이 되었다. 마지막으로 상황에 맞게 조정하면 완성이다.

유지 보수와 사육 포인트

[유지 보수 포인트]

• 위생 관리

배설물은 되도록 자주 치운다. 바닥재는 한 달에 한 번씩 전체를 교체한다.

[사육 포인트]

• 먹이 관리

뱀류는 곤충이 아닌 냉동 쥐 등의 소형 동물을 주식으로 한다.

파충류와 양서류를 사랑하는 사육자가 직접 제작한 비바리움을 소개한다. 더불어 제작자와 이 책 감수자의 코멘트도 함께 수록했다. 다양한 생물이 등장하므로 자신의 비바리움에 필요한 힌트를 얻을 수 있을 것이다.

독화살개구리의 비바리움

[비바리움 데이터]

대상 ▶ 청독화살개구리(Dendrobates Azureus)

사육장 ▶ 사이즈 약 가로 45.0cm X 세로 45.0cm X 높이 45.0cm / 유리 제품

조명 ▶ 관상 겸 식물 성장용 LED 램프

바닥재 ▶ 적옥토 / 용암석

골격 ▶ 유목 / 에피웹(Epiweb : 식물 착생을 위한 토대)

식물 ▶ 관엽식물(페페로미아(Peperomia), 미크로소리움(Microsorum) / 이끼(윌로모스(버들이끼))

사육용 아이템 ▶ 미스팅 시스템 / 배수관

[비바리움 데이터]

대상 ▶ 노란줄무늬독화살개구리(범블비 다트프록 : Yellow-Banded Poison Dart Frog)

사육장 ▶ 사이즈 약 가로 45.0cm X 세로 45.0cm X 높이 45.0cm / 유리 제품

조명 ▶ 관상 겸 식물 성장용 LED 램프

바닥재 ▶ 적옥토 / 용암석

골격 ▶ 에피웹(식물 착생을 위한 토대)

식물 ▶ 관엽식물(셀라기넬라(Selaginella), 네오레겔리아(Neoregelia), 애기모람(Ficus Thunbergii), 호말로메나(Homalomena), 보석란(Jewel Orchid) / 이끼(윌로모스(버들이끼))

사육용 아이템 ▶ 미스팅 시스템 / 배수관

[제작자]

레오파노 진야

[제작자 코멘트]

독화살개구리의 비바리움입니다. 두 비바리움 모두 처음부터 완성에 치중하기보다는 식물의 성장에 중점을 두었습니다. 앞으로 시간이 더 흘러 벽면까지 초록으로 가득 채워지면 완성입니다.

[이 책의 감수자 코멘트]

▪ 여러 종의 식물이 잘 어우러져 더욱 사실적인 마무리

그야말로 '무위자연'이라는 말이 어울리는 비바리움입니다. 여러 종의 식물이 풍성하게 어우러져 인공적인 느낌 없이 사실적으로 마무리된 매우 훌륭한 비바리움입니다.

독화살개구리의 비바리움

노란줄무늬독화살개구리
(범블비 다트프록)

삼색독개구리
(Phantasmal Poison Frog)

[비바리움 데이터]

대상 ▶ 노란줄무늬독화살개구리 / 삼색독개구리
사육장 ▶ 사이즈 약 가로 60.0cm X 세로 30.0cm X 높이 45.0cm / 유리 제품
조명 ▶ 가시광선 램프
바닥재 ▶ 경석 / 브라운 소일
골격 ▶ 유목 / 테라보드
식물 ▶ 관엽식물(피커스 푸밀라 미니마(Ficus Pumila Minima), 베고니아 폴리로엔시스(Begonia Polilloensis), 베고니아 네그로센시스(Begonia Negrosensis), 보석란 등
사육용 아이템 ▶ 미스팅 시스템 / PC 냉각팬(환기용)

[제작자]

무시 / 세계 개구리에게 손가락 물리기 협회(世界カエル指食われ協会)

[제작자 코멘트]

독화살개구리의 번식을 위해 만든 비바리움으로 현지 열대우림을 재현하고 싶었습니다. 미스팅 시스템을 설치했으며, 타이머가 작동해 일정 시간마다 분무하고 있습니다.

[이 책의 감수자 코멘트]

▪ 관리하기 쉽고 외관도 아름다운 비바리움

사육과 번식을 깔끔하게 관리할 수 있는 구조입니다. 레이아웃도 충분히 즐길 수 있게 위쪽에 식물을 풍성하게 배치한 멋진 비바리움입니다. '관리의 편리성'과 '관상의 가치'를 모두 충족시키는 아름다운 비바리움이라고 생각합니다.

MEMO

비바리움도 배움은 모방에서

20쪽에서도 언급했지만, 자신이 만든 비바리움의 완성도를 높이려면 다른 사람이 제작한 비바리움을 많이 감상하는 것도 중요하다. '모방은 창조의 어머니'라는 말이 있지만, 이것은 예술 세계뿐 아니라 비바리움 제작에도 적용할 수 있다. 전체적인 분위기는 물론이고 마음에 드는 부분이 있으면 그것만 자신의 비바리움에 적용하는 것도 효과적이다.

리치도마뱀붙이의 비바리움

[비바리움 데이터]

대상 ▶ 리치도마뱀붙이 마운틴 고히스 프리델라인 블랙 타입(리키에너스)

사육장 ▶ 사이즈 약 가로 60.0cm X 세로 45.0cm X 높이 90.0cm / 유리 제품

조명 ▶ UV 램프(식물용)

바닥재 ▶ 우드 칩(코코넛 바크 타입)

골격 ▶ 목재(벚나무) / 코르크 튜브

식물 ▶ 관엽식물(스킨답서스) / 인공식물

[제작자]

오무쯔[파충류]

[제작자 코멘트]

리치도마뱀붙이가 가로나 세로, 그 어떤 방향에서도 쉴 수 있게 만들었습니다. 그리고 점프를 해서 코르크 사이를 옮겨 다닐 수 있게 거리를 고려해 제작했습니다.

[이 책의 감수자 코멘트]

▪ 수고와 정성이 더해져 사육 관찰도 즐겁게

대형 도마뱀붙이인 리치도마뱀붙이가 문제없이 돌아다닐 수 있도록 훌륭한 크기의 코르크 튜브를 주요 아이템으로 해서 만든 비바리움입니다. 생물이 입체적으로 활동할 수 있도록 유리면에 코르크 튜브를 접착하는 등 시간을 들여 정성을 쏟은 것을 알 수 있습니다. 사육 관찰이 한층 더 즐거워질 수 있는 멋진 비바리움입니다.

카멜레온의 비바리움

[↑ 비바리움 데이터]

대상 ▶ 팬서 카멜레온
사육장 ▶ 사이즈 약 가로 60.0cm X 세로 60.0cm X 높이 90.0 cm / 유리 제품
조명 ▶ UV 램프 / 적외선 램프
바닥재 ▶ 펫시트
골격 ▶ 가늘고 긴 나뭇가지 모양의 유목
식물 ▶ 인공식물
사육용 아이템 ▶ 미스팅 시스템

[↑ 비바리움 데이터]

대상 ▶ 베일드카멜레온(파이드)
사육장 ▶ 사이즈 약 가로 45.0cm X 세로 45.0 cm X 높이 85.0cm / 유리 제품
조명 ▶ UV 램프 / 적외선 램프
바닥재 ▶ 펫시트
골격 ▶ 가늘고 긴 나뭇가지 모양의 유목
식물 ▶ 인공식물
사육용 아이템 ▶ 미스팅 시스템

[제작자]

후지피코

[제작자 코멘트]

왼쪽 큰 사진의 비바리움에는 카멜레온이 선호하는 굵기를 선택하도록 다양한 유목을 넣었습니다. 인공식물도 3종류를 혼합해서 멋스럽게 레이아웃에 사용했습니다. 오른쪽 작은 사진 속 비바리움 역시 통기성을 고려해 사육장 옆 벽면을 그물망으로 제작했습니다.

[이 책의 감수자 코멘트]

▪ 균형을 이루는 인공식물의 배치

사용하는 아이템의 특성상 조금 파격적인 레이아웃을 기대할 수 있지만, 다양한 형태의 덩굴과 인공식물을 잘 활용하여 균형감 있게 배치했습니다. 사실감도 제대로 살린 멋진 카멜레온 비바리움이라고 생각합니다.

솔로몬섬도마뱀의 비바리움

[이 책의 감수자 코멘트]

▪ 버려지는 공간 없이 충실한 비바리움

대형 스킨크가 사육장 안을 자유롭게 이동할 수 있도록 코르크 가지를 고르게 배치한 비바리움입니다. 3개의 코르크 가지가 적외선 스팟 역할까지 맡고 있습니다. 적외선 램프 아래까지 이동할 수 있는 구조여서 버려지는 공간이 없는 매우 충실한 비바리움입니다.

[비바리움 데이터]

대상 ▶ 솔로몬섬도마뱀(Corucia Zebrata/몽키테일스킨크)
사육장 ▶ 사이즈 약 가로 60.0cm X 세로 45.0cm X 높이 60.0cm / 유리 제품
조명 ▶ 적외선 램프 / UV 램프
바닥재 ▶ 우드 칩(천연 코코넛 바크 타입)
골격 ▶ 코르크 가지
사육용 아이템 ▶ 파충류용 물그릇

[제작자]

파충류클럽(나가노점)

[제작자 코멘트]

솔로몬섬도마뱀은 세계에서 가장 큰 스킨크(Skink : 다리가 짧고 비늘이 매끄러운 도마뱀류)계 도마뱀으로 수상성입니다. 골격 아이템으로 굵고 안정된 코르크 가지를 선택하여 배치함으로써 생물이 입체적으로 활동할 수 있도록 했습니다.

그린 부쉬 스네이크의 비바리움

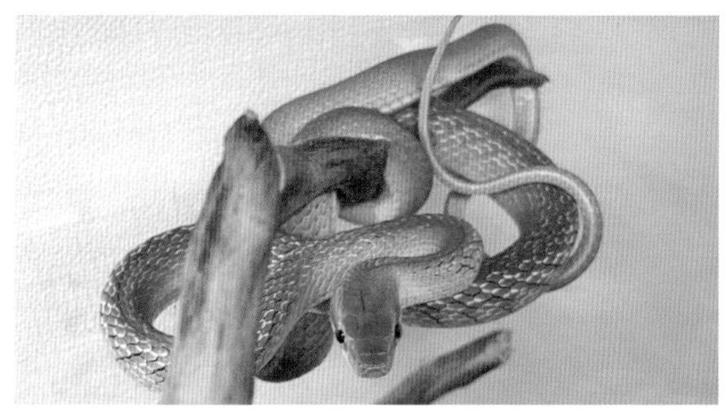

[비바리움 데이터]

대상 ▶ 그린 부쉬 스네이크(Green Bush Snake / Green Trinket Snake)
사육장 ▶ 사이즈 약 가로 60.0cm X 세로 45.0cm X 높이 45.0cm / 유리 제품
조명 ▶ 적외선 램프
바닥재 ▶ 우드 칩(천연 코코넛 바크 타입)
골격 ▶ 인공덩굴 / 나뭇가지
식물 ▶ 관엽식물(스킨답서스), 인공식물
사육용 아이템 ▶ 파충류용 물그릇 / 파충류용 은신처

[제작자]

파충류클럽(나가노점)

[제작자 코멘트]

그린 부쉬 스네이크는 수상성 뱀입니다. 나뭇가지 등을 잡기 쉽게 인공덩굴을 활용하고 입체적으로 움직일 수 있게 레이아웃했습니다. 또한 실제 식물과 인공식물을 함께 배치했습니다.

[이 책의 감수자 코멘트]

▪ 사육장 바닥에 아이템을 설치하지 않는 등 관리 측면도 충분히 고려

덩굴과 유목, 인공식물 등 여러 가지 요소를 조합하여 생물이 잘 숨을 수 있게 만들었습니다. 순간적으로 뱀을 찾게 될 만큼 구성이 훌륭한 비바리움이라고 생각합니다. 한편, 사육장 바닥에는 최대한 아이템을 배치하지 않아 바닥재 교체 등 유지, 보수가 쉬워 보입니다. 관리 측면에서도 충분히 고려한 비바리움이라는 사실을 알 수 있습니다.

산청개구리(색변이 개체 / 중간 크기)의 비바리움

[비바리움 데이터]

대상 ▶ 산청개구리

사육장 ▶ 사이즈 약 가로 46.8cm X 세로 31.0cm X 높이 28.2cm / 플라스틱 & 유리(앞면) 제품

조명 ▶ 가시광선 램프

바닥재 ▶ 경석 / 적옥토

골격 ▶ 유목

식물 ▶ 관엽식물 / 이끼(털깃털이끼 : 바닥재로 사용)

사육용 아이템 ▶ 파충류용 물그릇

[제작자]

RAF 채널 아리마

[이 책의 감수자 코멘트]

▪ 잎과 줄기가 튼튼한 관엽식물을 사용

개체는 어리고 크기가 작기 때문에 먹이로 주는 살아있는 귀뚜라미를 찾을 수 있도록 너무 크지 않게 제작한 비바리움입니다. 산청개구리는 수상성 개구리의 일종으로 나뭇가지나 잎에 오르는 특성이 있어 잎과 줄기가 튼튼한 관엽식물을 사용했습니다.

MEMO

희귀 개체이므로 단독 사육 권장

산청개구리 중에서도 1/100,000의 확률로만 나타난다는 '색변이 개체'를 위한 공간이므로 단독으로 사육한다. 다른 개체와 함께 사육했을 경우 접촉으로 인한 감염으로 질병에 걸릴 수 있기 때문이다. 이 색채 변이는 '보라색 세포'가 결핍되어 나타난 유전자 돌연변이로 추정하고 있다.

한편 보통의 산청개구리는 반점이 있는 종과 없는 종으로 나뉘는데 지역이나 개체에 따라 다르다.

몸이 초록색이 아닌 노란색을 띠는 희귀 개체

보통 산청개구리로, 반점이 있는 아름다운 개체

3장

건조한 환경에 서식하는 생물의 비바리움

이 장에서 소개하는 비바리움의 주요 대상은
건조 기후의 거친 땅에서 살아가는 파충류다.
인기 있는 중부턱수염도마뱀이나
표범도마뱀붙이(레오파드게코)가 여기에 속한다.
사용하는 아이템이 적기 때문에 유목 등의 아이템 선택이 더욱 중요하다.

유목 등의 레이아웃용 아이템은 자신이 구상한 레이아웃에 맞는 소재를 찾는다.

건조한 환경의 사육장은 사육장 안에 세팅하는 레이아웃용 아이템이 적기 때문에 아이템 자체의 디자인이 뛰어나야 한다.

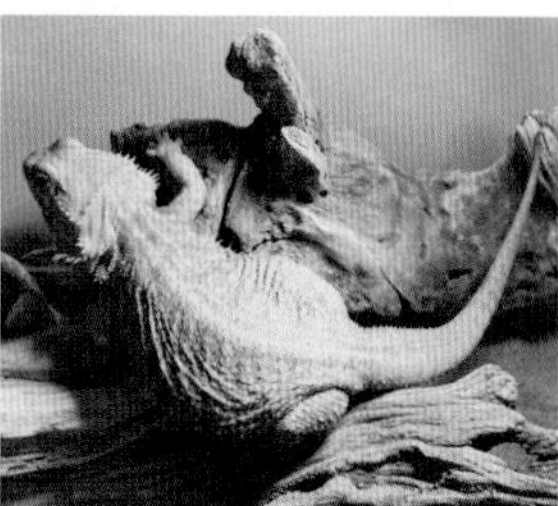

▪ 대부분 심플하고 만들기 쉬워 입문자에게도 추천

건조한 환경은 식물을 사용하지 않고도 자연환경을 재현할 수 있으며 사용한다고 해도 기본적으로 범위를 좁혀 레이아웃한다. 사용하는 레이아웃용 아이템이 적어 처음 비바리움을 제작하는 입문자가 도전하기 좋은 분야라고 할 수 있다. 한편, 사용하는 레이아웃용 아이템이 제한적이어서 그 품질에 따라 비바리움의 완성도는 큰 영향을 받는다. 자신이 생각한 이미지에 맞는 제품을 찾는 것이 중요하며, 그것을 만나기까지의 과정도 비바리움을 만드는 즐거움이다.

시중에는 모래나 우드 칩 등의 바닥재도 다양한 종류를 판매하고 있으니 잘 고려한 후에 결정한다.

자연환경과 그것을 표현하는 포인트

중부턱수염도마뱀이 살고 있는 오스트레일리아의 모습

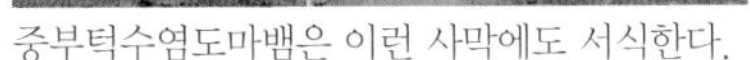
중부턱수염도마뱀은 이런 사막에도 서식한다.

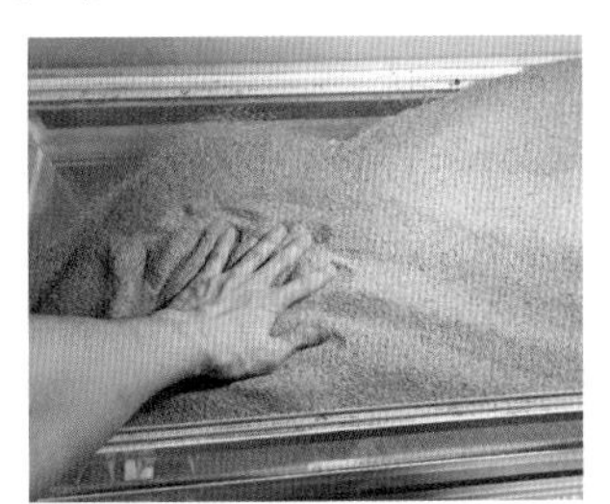
바닥재인 모래로 건조한 지역의 자연환경을 재현할 수 있다.

▪ 메마른 토양을 바닥재로 재현

이장에서 소개하는 비바리움의 생물 중 하나인 중부턱수염도마뱀은 오스트레일리아의 내륙 지역에 분포한다. 그곳은 건조 기후로 황량한 대지가 펼쳐진다. 풀이 자라난 곳이 있는가 하면, 일부는 사막과도 같다. 이러한 환경을 재현하기 위해서는 바닥재가 중요하다. 예컨대 중부턱수염도마뱀의 비바리움에는 파충류용 바닥재인 모래가 적합하다.

그리고 건조한 환경이라고 하면 쓰러진 나무가 많다고 생각하기에 시중에 판매되는 유목을 이용하면 쓰러진 나무를 재현할 수 있다.

한편, 이장에서는 건조한 환경에 서식하는 생물과 마찬가지로 건조한 지역에 살며, 주로 땅 위로 이동하는 그란 카나리아 스킨크의 비바리움도 소개한다. 이 개체는 암석 지대에서 서식한다.

건조한 환경에 사는 생물의 특징과 사육환경 포인트

주변보다 높고 조명이 잘 닿는 곳이 일광욕 포인트가 된다.

▪ 중부턱수염도마뱀은 일광욕 장소를 설치한다.

중부턱수염도마뱀은 건강 유지를 위해 적외선 스폿을 설치해야 한다. 적외선 스폿이란 일광욕을 할 수 있는 장소를 말한다. 다시 말해 온도를 높이는 적외선 램프와 자외선을 방사하는 UV 램프를 설치하고, 그 램프와 가까운 높이에 적외선 스폿을 마련한다. 사육장 내부를 아름답게 만드는 과정에서 적외선 스폿을 어떻게 설치할 것인가 하는 부분이 비바리움 제작의 포인트라 할 수 있다.

한편, 생물의 스트레스를 고려해 몸을 숨길 수 있는 은신처를 설치하는 것이 좋다. 이 은신처도 사육자가 어떻게 표현하는가에 따라 아름답게 꾸밀 수 있다.

PVC관 T형 조인트를 은신처로 사용

바닥재로 모래를 사용해 사막을 표현하고 멋스러운 유목을 설치한다.

중부턱수염도마뱀을 위한 비바리움을 예로 들어 건조한 환경에 사는 생물의 비바리움을 제작하고 아름답게 완성하는 요령을 소개한다.

Close Up

유목이 중부턱수염도마뱀과 잘 어울린다.

설치한 유목의 다리 부분에는 생물이 몸을 숨길 수 있는 공간이 있다.

▪ 유목이 완성도를 결정짓는다.

모래 바닥재를 깔고 그 위에 큰 유목만 설치한 심플한 구성의 비바리움이다. 레이아웃용 아이템이 적은 만큼 유목의 모양과 크기가 매우 중요하다. 아이템을 선택하고 찾는 것도 비바리움을 제작하는 과정의 하나로 생각하고 자신의 이미지에 맞는 아이템을 찾아보자.

이 비바리움은 큰 유목 두 개를 사용하여 ①몸을 숨길 수 있는 은신처와 ②가볍게 위아래로 이동하며 운동할 수 있는 발판, ③몸을 따뜻하게 하는 일광욕 스폿의 역할을 모두 충족하는 구조로 만들었다.

같은 환경에서 사육할 수 있는 다른 생물

- 수단 플레이트 리자드(Broadley Saurus Major)
- 가시꼬리도마뱀(Uromastyx)
- 슈나이더 스킨크(Eumeces Schneideri)

※ 기타 건조한 지역에 서식하는 중형~대형 도마뱀 등

포인트

■ 일광욕 스폿

주행성인 중부턱수염도마뱀은 자연에서는 아침에 일어나 일광욕을 한 후에 활동을 시작한다. 따라서 사육장 안에 일광욕을 할 수 있는 곳(적외선 스폿)을 설치하는 것이 기본이다. 이 사육장에는 UV 기능과 온열 기능을 겸하는 램프를 사용했다.

■ 건조한 환경을 재현

자연환경에서 중부턱수염도마뱀은 햇볕이 강하고 건조한 환경에서 서식한다. 이 비바리움은 그런 땅을 이미지화하여 제작한 비바리움이다.

■ 유목의 아름다운 조합

언뜻 하나의 큰 유목 같아 보이지만 유목 두 개를 조합한 것이다. 유목을 설치할 때 놓는 방법과 방향을 다양하게 시도한 후에 가장 아름다운 형태로 마무리했다.

건조한 환경을 테마로 한 비바리움의 포인트

■ 생물의 움직임을 고려한다.

비바리움의 대상 생물이 서식하는 건조한 환경에는 바위와 쓰러진 나무들이 있다. 유목을 배치하면 그 분위기를 재현할 수 있는데 이때 생물이 이동하는 바닥 공간을 확보해야 한다. 사육장 안에 아이템이 너무 많아 움직임에 제약이 생기면 개체가 스트레스를 받게 된다.

입체적인 레이아웃용 아이템은 균형을 고려해 배치한다.

➡ 사진의 비바리움은 104쪽에

■ 식물은 범위를 좁혀 배치한다.

식물을 배치하면 개체가 이동할 때 무너져 내릴 수 있기 때문에 건조한 환경을 재현하는 비바리움은 사육장 구석 등으로 그 범위를 좁혀 식물을 배치한다. 또한, 중부턱수염도마뱀은 식물을 먹을 때가 있다. 인공식물 역시 잘못 먹을 수 있으므로 레이아웃용 아이템으로 식물은 적합하지 않다.

식물은 범위를 좁혀 배치한다.

➡ 사진의 비바리움은 96쪽에

중부턱수염도마뱀 알아보기

개체의 컬러는 하이포 오렌지(Hypo Orange)

▪ 성격이 온순하여 사육하기 쉬운 파충류

오스트레일리아에 분포하는 고유종이다. 애완동물로 사육되는 파충류 중에 표범도마뱀붙이(96쪽)와 더불어 가장 인기 있는 종이라 할 수 있다. 현재 유통되고 있는 생물은 브리딩(Breeding) 개체이며 몸의 컬러와 모양이 매우 다양하다.

큰 개체는 전체 길이가 60cm나 된다. 큰 사육 공간이 필요하지만 비교적 튼튼하고 성격이 온순하여 사육하기 쉬운 조건을 갖추고 있다. 한편, 표범도마뱀붙이와 달리 꼬리를 스스로 자르지 않는다.

[생물 데이터]

- **생물분류** / 파충류, 아가마과 턱수염도마뱀속
- **전체 길이** / 약 40~60cm
- **수명** / 8~10년 정도
- **식성** / 육식 성향이 강한 잡식
- **생김새와 특징** / 목 주변에 수염 같은 가시 모양의 돌기가 있다. 작은 공룡으로 묘사되는 외모는 전체적으로 근사한 이미지를 준다.
- **사육 포인트** / 중부턱수염도마뱀이 서식하는 지역은 햇볕이 강하고 1년 중 가장 추운 시기에도 기온이 10° 밑으로 거의 내려가지 않는다. 따라서 겨울철 온도 관리에 특별히 주의해야 한다. 일반적으로 적외선 램프와 UV 램프를 모두 설치한다.
  식성은 잡식이며 소송채 등의 채소와 바나나 같은 과일도 먹는다. 성장기의 어린 개체는 귀뚜라미를 주로 공급하며 인공사료 위주로 키우기도 한다.

건조한 환경을 테마로 한 비바리움의 대상

▪ 나무에 오르지 않고 주로 땅 위에서 활동하는 생물을 위한 비바리움

중부턱수염도마뱀과 마찬가지로 건조한 지역에 사는 중~대형 도마뱀류는 수단 플레이트 리자드(수단장갑도마뱀)와 가시꼬리도마뱀 등이 있으며, 이장에서 소개하는 비바리움에 사육이 가능하다. 기본적으로 수상성 생물과는 달리 평면적인 활동을 고려해 작업한다.
이장에서는 표범도마뱀붙이와 그란 카나리아 스킨크의 비바리움도 소개한다. 표범도마뱀붙이는 '키친타월 바닥재 + 물그릇 + 은신처'로만 만든 심플한 사육장에서 키울 수 있지만 그란 카나리아 스킨크는 모래가 아니라 암석 지대에서 서식하므로 중부턱도마뱀이나 표범도마뱀붙이와 마찬가지로 개체의 평면적인 땅 위 활동을 고려해야 한다.

이 장에서 소개하는 종

표범도마뱀붙이(레오파드 게코)
중부턱수염도마뱀과 함께 인기가 많은 종이다.
➡ 자세한 내용은 96쪽에

그란 카나리아 스킨크
파란 꼬리가 아름다운 도마뱀
➡ 자세한 내용은 100쪽에

준비

[사육장과 조명]

사육장 ▶ 사이즈 약 가로 90.0cm X 세로 45.0cm X 높이 60.0cm / 유리 제품

조명 ▶ UV & 적외선 겸용 램프

[레이아웃용 아이템]

바닥재 ▶ 바닥재용 모래

골격 ▶ 유목(대형 2개)

▪ 개체에 맞춰 큰 사육장을 준비

개체 크기에 맞춰 사육장을 선택하는 것이 비바리움 제작의 기본이다. 중부턱수염도마뱀은 대개 50㎝ 정도이므로 여기서는 약 90㎝의 다소 큰 사육장을 준비했다.

건조한 환경을 테마로 한 비바리움의 레이아웃 아이템

▪ 자신의 비바리움에 맞는 바닥재를 선택한다.

주로 땅 위에서 활동하는 종의 비바리움이므로 바닥재 선택이 중요한 포인트다. 파충류용 바닥재는 다양한 유형의 제품이 판매되고 있는데 저마다 특징이 있다. 자신의 비바리움에 맞는 소재를 선택하자.

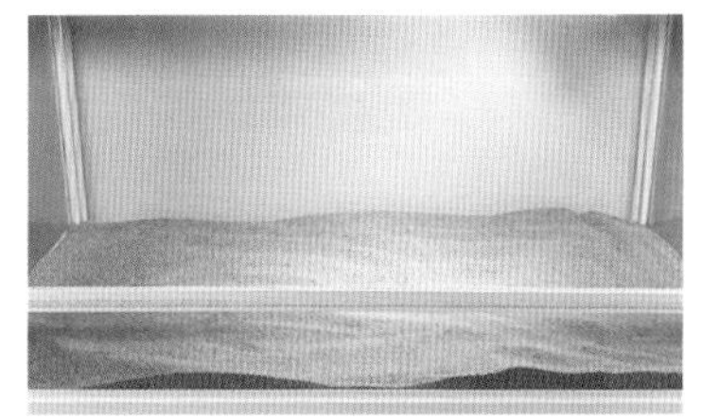

바닥재용 모래

중부턱수염도마뱀을 위한 비바리움에 사용한다. 사막을 연상시키는 분위기를 자아낸다.

소일

흙을 구워 굳힌 것으로 하나하나가 둥근 알갱이로 되어 있다.

우드 칩

목재를 잘게 부숴 만든 것으로 좀 더 다양한 종류가 있다.

순서

순서① 바닥재를 깐다.

① 사육장에 모래를 넣는다.

바닥재인 모래를 까는 것부터 시작한다. 사육장 안에 모래를 넣는다.

② 모래를 고르게 편다.

모래를 바닥 전체에 고르게 펴준다. 모래 두께는 약 3㎝가 기준이다.

순서② 골격을 만든다.

① 첫 번째 유목을 설치한다.

사육장 안에 골격을 이루는 첫 번째 큰 유목을 배치한다. 방향을 고려하여 위치를 결정한다.

② 두 번째 유목을 설치한다.

이 비바리움의 골격은 두 개의 큰 유목이다. 첫 번째에 이어 두 번째 유목을 배치한다.

건조한 환경을 테마로 한 비바리움의 골격 만들기

▪ 멋진 아이템을 찾는다.

건조한 자연환경을 재현할 때 레이아웃용 아이템으로 바위나 목재 중 한 가지를 사용하게 된다. 건조한 환경처럼 레이아웃용 아이템을 많이 사용하지 않는 비바리움에서는 목적에 맞는 아이템을 얼마나 구할 수 있는지가 마무리 단계의 완성도를 좌우하는 큰 열쇠가 된다.

특히 유목은 자연환경을 연출하는데 도움이 되며 모양과 크기가 다양하기 때문에 효과적으로 활용해야 하는 아이템이다.

유목의 형태는 매우 다양하다. 자신이 생각한 이미지에 맞는 것을 찾아보자.

➡ 자세한 내용은 96쪽에

유목은 건조한 환경 이외의 다른 비바리움에도 사용할 수 있다.

➡ 자세한 내용은 100쪽에

순서③ 전체를 확인하고 마무리한다.

① 전체적인 균형을 확인한다.

대략적인 작업이 끝나면 전체의 균형을 확인하고 필요에 따라서 조정한다.

➡ 완성된 비바리움은 90쪽에

② 주의해서 생물을 넣는다.

비바리움이 완성되면 생물을 조심스럽게 사육장에 넣는다.

유지 보수와 사육 포인트

[유지 보수 포인트]

• 바닥재 교체

건조한 환경을 테마로 한 비바리움의 바닥재로는 대개 천연 소재를 사용한다. 기본적으로 천연 소재의 바닥재는 한 달에 한 번 전체를 교체한다. 사용이 끝난 바닥재는 소재에 따라 각각 올바른 방법으로 폐기한다.

• 식물 관리

건조한 환경을 테마로 한 비바리움에는 에어플랜트가 잘 어울린다. 종에 따라 다르지만 에어플랜트는 일주일에 1~2번을 기준으로 분무기를 이용해 물을 준다.

• 사육장의 유지 및 보수

다른 종류의 비바리움과 마찬가지로 사육장 유리가 더러워지면 스펀지나 부드러운 천 등을 이용해 오염을 닦아낸다.

• 배설물 처리

다른 종류의 비바리움과 마찬가지로 배설물은 바로바로 핀셋을 이용해 제거한다.

[사육 포인트]

• 생물의 수분 공급과 온도 관리

중부턱수염도마뱀은 물이 있어도 잘 마시지 않기 때문에 비바리움에 물그릇을 설치하지 않았다. 수분은 주로 채소나 과일, 곤충 등의 먹이를 통해 보충한다. 단, 이것은 중부턱수염도마뱀의 경우이고 이 책에서 소개하는 표범도마뱀붙이의 비바리움에는 물그릇을 설치했다.

또한, 온도 관리를 위해 중부턱수염도마뱀은 UV 램프와 적외선 램프를 설치했는데 이들 램프는 사용 기간이 경과함에 따라 성능이 떨어진다. 제품에 표기되어 있는 교환 시기에 맞춰 정기적으로 교체한다.

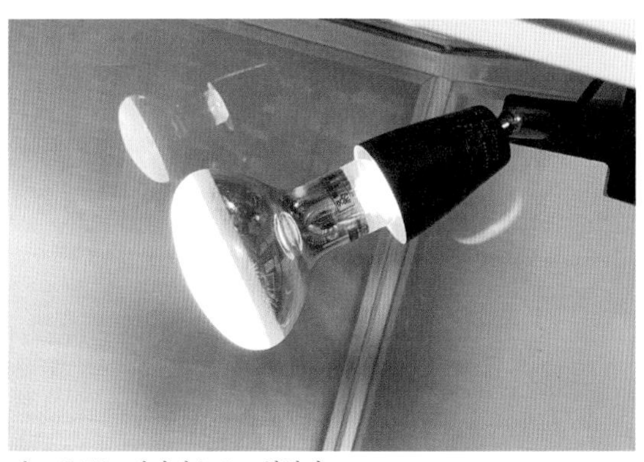

램프 종류는 정기적으로 교환한다.

• 먹이 관리

건조한 환경의 비바리움 대상 종 중에서 중부턱수염도마뱀의 먹이는 조금 특별하다. 귀뚜라미 등 곤충이나 인공사료 외에 채소나 과일도 먹는다. 채소는 소송채, 청경채, 콩싹 등을 먹이고 과일은 바나나, 사과, 딸기 등을 줘도 괜찮다고 한다. 뭘 줘야 할지 모르겠다면 파충류 전문점에 문의해 정확히 알아두자.

이장에서 소개하는 표범도마뱀붙이와 그란 카나리아 스킨크는 귀뚜라미와 같은 곤충을 주로 먹지만 일부 사육자는 표범도마뱀붙이에게 인공사료를 주식으로 주기도 한다.

생물의 입속에 상처가 생기지 않도록 귀뚜라미는 뒷다리를 떼고 주는 것이 바람직하다.

Layout ▸ 12 표범도마뱀붙이(레오파드 게코)

범위를 좁혀 에어플랜트를 설치, 손쉽게 제작할 수 있는 심플한 비바리움

표범도마뱀붙이를 위해 비바리움을 만든다면 심플한 것이 적합하다.
범위를 좁혀 아이템을 배치하자.

정면 위쪽에서

Close Up

에어플랜트가 자연환경의 분위기를 연출해 준다.

은신처는 사육장 왼쪽 안쪽에 설치했다.

▪ 범위를 좁혀 심플하게 설치한다.

인기 파충류 표범도마뱀붙이를 위한 심플한 비바리움이다. 제대로 준비한다면 짧은 시간 내에 손쉽게 제작할 수 있다.

표범도마뱀붙이는 중동 등지의 바위로 뒤덮인 건조한 초지에 서식한다. 그러한 이미지를 비바리움에 재현하기 위해 식물로 에어플랜트를 사용했다. 다만 필요 이상으로 많은 양을 사용하지 않고 범위를 좁혀 배치했다. 바닥재는 키친타월을 사용할 수도 있지만 소일을 이용하면 멋지게 마무리할 수 있다.

같은 환경에서 사육할 수 있는 다른 생물

- 아프리카살찐꼬리도마뱀붙이 / 아프리칸 펫 테일 게코(Hemitheconyx caudicinctus)

※ 기타 같은 과속의 파충류 등

포인트

■ 가늘고 옆으로 긴 사육장

뒷면과 옆면은 플라스틱이고 앞면은 유리인 사육장을 사용한다. 앞면은 좌우 여닫이 방식이다. 뒤쪽으로 깊이가 얕아 앞면에서 관찰하기 좋고 유지 보수가 쉬워 사용하기 편리한 사육장이다.

■ 심플하게 설치한다.

표범도마뱀붙이는 나무를 오르는 등의 입체적인 움직임보다 주로 땅 위에서 이동하는 평면적인 움직임이 많은 생물이다. 따라서 많은 아이템을 배치하기보다는 포인트를 좁히고 자유롭게 이동할 수 있는 공간이 있는 비바리움이 적합하다.

■ 멋스러운 아이템을 사용한다.

파충류용 물그릇은 종류가 다양하여 디자인이 뛰어난 제품을 선택하면 완성도가 높아진다. 그리고 표범도마뱀붙이의 사육장에는 보통 은신처를 설치하는데 이 역시도 이미지에 맞는 아이템을 선택하자.

물그릇도 분위기에 맞는 제품을 선택한다.

표범도마뱀붙이 알아보기

벨 알비노(Bell Albino) 모프

■ 사육자가 가장 많은 파충류 중의 하나

표범도마뱀붙이가 정식 명칭이지만 애호가들 사이에서는 애칭으로 '레게'라고 부른다. 영어 이름인 레오파드 게코(Leopard Gecko)를 줄여서 부르는 것이다. 가정에서 사육할 수 있는 파충류 중에서는 가장 인기 있는 종의 하나로 국내에도 애호가가 많다. 브리딩도 활발히 이루어지고 있어 다양한 색상과 형태의 개체가 있다.

인도와 이란 등 중동에 분포하며 강우량이 적고 황량한 지역에 서식하고 있다. 분류상으로는 도마뱀붙이의 일종이지만 모습이나 생태는 일반 도마뱀의 이미지에 가까운 종이라 할 수 있다. 야행성으로 밤에 활발하게 움직인다.

[생물 데이터]

- 생물분류 / 파충류, 표범도마뱀붙이과 표범도마뱀붙이속
- 전체 길이 / 약 20~25cm
- 수명 / 10~15년 정도
- 식성 / 육식성(곤충이 주식)
- 생김새와 특징 / 몸 표면에는 육식 동물인 표범 무늬가 있고 꼬리가 굵은 것이 특징이다.
- 사육 포인트 / 강우량이 적지만 습도가 일정한 기후에서 서식하기에 건조한 환경에 주의해야 한다. 그리고 기본적으로 1년 내내 28~30° 정도의 온도를 유지한다. 성격이 온순해 핸들링도 가능하지만 몸을 지키기 위해 꼬리를 스스로 자르므로 조심스럽게 다루어야 한다.

보통은 귀뚜라미 등의 살아있는 곤충(또는 냉동 곤충)을 먹지만 시중에 전용 사료도 판매하고 있다.

준비

▪ 색채 포인트로 에어플랜트를 사용

자연에서 표범도마뱀붙이는 건조한 곳에서 서식한다. 때문에 레이아웃용 식물은 강우량이 적은 지역에 분포하는 종이 적합하다.

[사육장]

사육장 ▶ 사이즈 약 가로 46.8cm X 세로 31.0cm X 높이 28.2cm / 플라스틱 & 유리(전면) 제품

[레이아웃용 아이템]

바닥재 ▶ 소일

골격 ▶ 골격용 큰 아이템은 사용하지 않는다.

식물 ▶ 에어플랜트(4종)

기타 ▶ 유목(소형)

[사육용 아이템]

은신처 ▶ 바위를 모방한 파충류용

물그릇 ▶ 파충류용 물그릇

[작업용 아이템]

고정용 ▶ 글루건(수지 등을 녹여 접착하는 도구 : 에어플랜트와 유목을 접착하는 데 사용)

순서

순서① 바닥재를 깐다.

① 바닥재로 소일을 깐다.

사육장 바닥에 소일을 깐다. 바닥 전체에 얇게 깔리는 정도면 충분하다.

Check!

바닥재는 키친타월도 가능

표범도마뱀붙이를 사육할 때는 바닥재로 키친타월을 사용할 수 있다. 단, 미관상 좋지 않다.

표범도마뱀붙이 사육용 비바리움에는 가능한 한 자연 소재를 사용한다.

순서② 은신처와 유목을 설치한다.

① 은신처를 설치한다.

은신처를 설치한다. 위치는 사육장 왼편 안쪽을 선택했다.

② 유목을 설치한다.

유목을 설치한다. 이 은신처와 유목이 전체적인 분위기를 결정하므로 위치를 신중하게 결정하자.

순서③ 메인 식물을 설치한다.

① 메인 식물을 유목에 붙인다.
준비한 식물(에어플랜트) 중에서 메인인 큰 식물을 유목에 붙인다.

Check!

글루건으로 고정한다.

글루건을 이용해 메인 식물을 유목에 고정했다.

에어플랜트의 뿌리와 유목을 접착제로 붙였다.

순서④ 서브 식물 등을 설치하고 마무리한다.

① 서브 식물을 설치한다.
포인트 역할을 하는 서브 식물(에어플랜트)을 설치한다.

② 물그릇을 배치하고 마무리한다.
물그릇을 배치한다. 그런 다음 전체적인 외관의 균형을 확인하고 필요에 따라 조정하면 완성이다.

➡ 완성된 비바리움은 96쪽에

Check!

설치 방법은 상황에 맞게 판단한다.

식물을 접착뿐 아니라 다양한 방법으로 배치한다. 여기서는 은신처에 글루건을 이용해 붙였고 다른 하나는 유목에 끼우고 다른 하나는 그대로 바닥재에 얹어 놓았다.

에어플랜트는 바닥재에 그대로 놓아도 괜찮다.

NG 높이 쌓지 않는다.

표범도마뱀붙이는 몸길이가 15~20cm 정도이며 주로 땅 위에서 활발히 이동한다. 그래서 작은 아이템을 많이 배치하는 정교한 비바리움은 그다지 적합하지 않다. 사육장 안에는 표범도마뱀붙이가 자유롭게 움직일 수 있게 일정한 공간을 남겨 두어야 한다.
또한 표범도마뱀붙이가 올라갔을 때 무너지지 않게 아이템은 높게 쌓지 않도록 주의한다.

유지 보수와 사육 포인트

[유지 보수 포인트]

• 에어플랜트 물주기
설치한 에어플랜트의 종류에 따라 다르지만 일반적으로 에어플랜트는 일주일에 1~2회 기준으로 분무기를 이용해 물을 준다.

[사육 포인트]

• 먹이 관리
바닥재로 소일을 사용하면 인공사료가 떨어졌을 때 소일이 달라붙게 된다. 소일을 깔았다면 냉동을 포함한 귀뚜라미 등의 곤충이 먹이로 적합하다.

Layout ▸ 13 그란 카나리아 스킨크(Gran Canaria Skink)

관찰하기 쉬운 가로로 긴 사육장을 선택하고 유목을 입체적인 구조로 설치한다.

비바리움 제작은 사육장 선택에서 시작된다.
소형 개체는 가로로 긴 사육장을 사용하면 평소 모습을 관찰하기 쉽다.

정면

Close Up

바로 위에서 본 사육장의 왼쪽 모습. 생물을 살피는 편리성을 고려해 레이아웃용 아이템을 뒤에 배치했다.

바로 위에서 본 사육장의 오른쪽 모습. 이곳은 유목을 중심으로 배치했다.

은신처로 PVC관 조인트를 사용

같은 환경에서 사육할 수 있는 다른 생물
• 다섯줄도마뱀(Plestiodon Japonicus) 등
※ 단, 다섯줄도마뱀은 점프 능력이 뛰어나 덮개가 필수다.

▪ 여러 형태의 유목을 준비한다.

그란 카나리아 스킨크는 크기가 15~20cm 정도여서 큰 사육장이 필요하지 않다. 세로 폭이 깊으면 정면에서 봤을 때 그늘지는 부분이 많으므로 생물을 잘 관찰하기 위해 너비에 비해 깊이가 얕은 사육장을 선택했다.

하지만 그란 카나리아 스킨크는 땅속으로 파고들 때가 있으므로 우드 칩 등의 바닥재를 사용하는 편이 좋다. 여기서는 높은 보습성과 외관의 아름다움을 고려하여 파인바크(소나무 껍질 종류)를 깔았다.

땅에서 서식하는 생물의 레이아웃은 대체로 평면적이지만 모양과 크기가 다양한 유목을 균형감 있게 배치하여 입체감을 연출한 것도 포인트다.

포인트

■ 가늘고 긴 사육장

가로 길이에 비해 세로 깊이가 얕은 유형의 사육장을 선택한다. 정면에서 감상할 경우 생물을 찾기 쉬운 것이 장점이다.

■ 작은 물그릇

물그릇처럼 생물이 건강하게 살아가는 데 빼놓을 수 없는 레이아웃용 아이템도 디자인을 고려해 선택하면 비바리움의 완성도가 올라간다. 이 사육장은 깊이가 얕고 개체도 크지 않기 때문에 작고 세련된 물그릇을 사용했다.

■ 온도 편차를 준다.

이 비바리움은 오른쪽에 적외선 램프를 설치하여 사육장 내부에 온도 편차를 둘 예정이다. 또한 생물의 일광욕을 위해 UV 램프도 오른쪽에 설치했다. 식물을 넓은 범위에 걸쳐 심으면 건조해 말라 버릴 수 있으므로 식물은 반대편 구석에 포인트로 배치한다.

그란 카나리아 스킨크 알아보기

■ 빛나는 푸른 꼬리가 아름다운 작은 도마뱀

그란 카나리아 스킨크는 아프리카 대륙의 북서쪽에 위치한 카나리아 제도의 그란 카나리아섬(스페인령)에 서식하는 도마뱀이다. 스페인 이름은 'La Lisa' 로, 이 섬에서만 사는 고유종 스킨크(Scincidae)과에 속하는 도마뱀의 일종이다.
한편, 카나리아 제도는 건조하고 온난한 아열대 기후다. 연간 최고 기온은 20~30°, 최저 기온은 15~21° 정도로 일 년 내내 쾌적하게 생활할 수 있다.
꼬리가 푸른 계열의 색을 띠는 특징이 있다. 가늘고 긴 원통형 몸에 짧은 다리를 가졌다. 몸집이 작고 건강하다는 점에서 일반적으로 사육하기 쉬운 파충류로 알려져 있다.

[생물 데이터]

- **생물분류** / 파충류, 도마뱀과 스킨크속
- **전체 길이** / 약 15~20cm
- **수명** / 5~10년 정도
- **식성** / 육식성 잡식(곤충류 외에 열매도 먹는다.)
- **생김새와 특징** / 광택을 띠는 푸른색의 아름다운 꼬리가 가장 큰 특징이다.
- **사육 포인트** / 온난한 아열대 기후 지역에 분포하므로 온도와 습도 관리에 신경 써야 한다. 서식하는 지역의 땅은 건조한 편이지만 간혹 토양이 습한 경우도 있다. 사육장 안에 건조한 곳과 습한 곳이 공존하는 것이 이상적이다.
  먹이는 일반적으로 귀뚜라미와 같은 살아있는 곤충(또는 냉동 곤충)이 주식이다.

준비

PVC관 조인트는 인터넷이나 철물점에서 구입할 수 있다.

바닥재는 우드 칩의 하나인 파인바크(소나무 껍질 타입)를 사용

▪ PVC관을 은신처로 사용

땅에서 사는 생물은 스트레스를 받지 않도록 몸을 숨길 수 있는 은신처 설치가 필요하다. 여기서는 향수를 불러일으키는 놀이터의 놀이기구 분위기를 형상화해 PVC관 조인트를 사용했다.

[사육장과 조명]

사육장 ▶ 사이즈 약 가로 60.0cm X 세로 17.0cm X 높이 25.4cm / 유리 제품

조명 ▶ 적외선 램프 / UV 램프

[레이아웃용 아이템]

바닥재 ▶ 우드 칩(소나무 껍질 유형)

골격 ▶ 유목 / 용암석

식물 ▶ 관엽식물

기타 ▶ PVC관 T형 조인트(은신처로 사용)

[사육용 아이템]

물그릇 ▶ 파충류용 소형 물그릇

순서

순서① ▶ 바닥재를 깔고 골격을 만든다.

① 바닥재를 깐다.
우선 토대가 되는 부분을 설치한다. 우드 칩을 바닥 전체에 깐다.

보온성이 뛰어난 바닥재를 사용

비바리움에 사용할 수 있는 다양한 종류의 바닥재는 시중에서 판매하고 있다. 특징이나 외관에 따라 적합한 바닥재를 선택하는 것도 비바리움 제작에서 중요한 부분이다. 여기서는 습도 유지에 좋다는 점을 고려해 파인바크를 선택했다.

② 유목을 설치한다.
비바리움의 골격이 되는 큰 아이템을 설치한다. 여기서는 유목을 골격으로 사용했다.

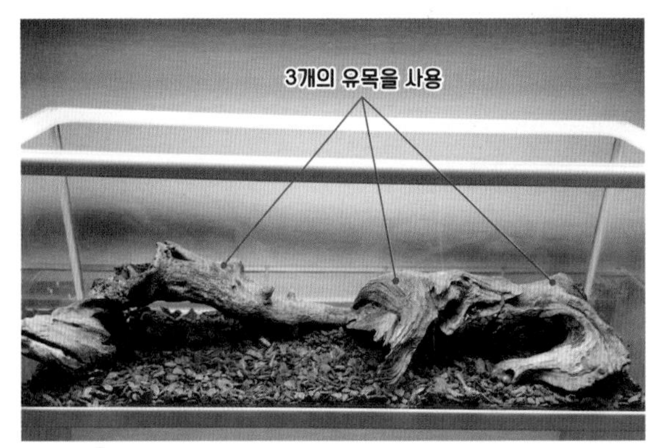

③ 균형을 맞춘다.
유목을 설치한 후 전체 레이아웃을 확인하고 필요에 따라서 위치를 바꾸는 등 균형을 맞춘다.

순서② 은신처를 설치한다.

① 은신처를 설치한다.
은신처로 사용할 PVC관 T형 조인트를 설치한다.

Check!

이미지에 맞는 아이템을 찾는다.

여기서는 토관의 분위기가 나는 점이 독특하고 멋스러워 PVC관을 사용했다. 생물이 몸을 숨길 수 있는 실용성도 갖추고 있다.

PVC관은 생물이 몸을 숨기는 장소로 사용된다.

순서③ 식물 등의 레이아웃용 아이템을 설치하고 마무리한다.

① 식물을 설치한다.
101쪽에서 소개한 것처럼 여기서는 사육장 내부의 환경을 고려하여 식물은 구석에 설치한다.

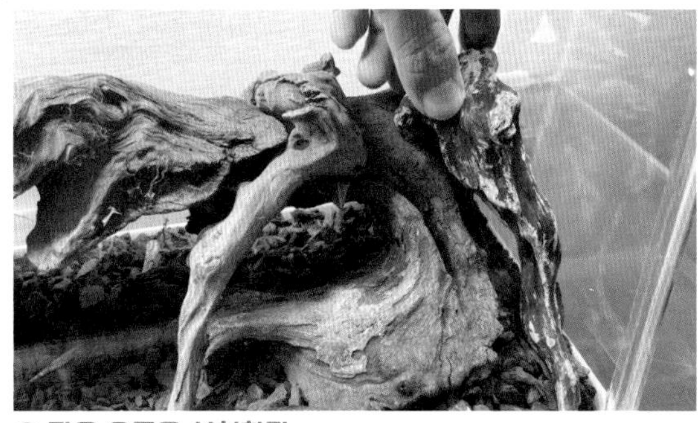
② 작은 유목을 설치한다.
외관의 아름다움을 고려하여 균형 잡기 좋은 작은(가는) 유목을 설치한다.

③ 용암석을 설치한다.
용암석을 설치한다. 용암석은 유목을 고정하거나 유목의 높이를 조정하는 데도 이용한다.
➡ 완성된 비바리움은 100쪽에

④ 물그릇을 설치한다.
물그릇을 설치하고 전체적인 외관의 균형을 확인한 후 마무리한다.

유지 보수와 사육 포인트

[유지 보수 포인트]
• 위생 관리
배설물은 핀셋으로 제거하는 것이 기본이다. 또한 물그릇의 물은 정기적으로 교환하고 사육장 내부의 습기를 보충하기 위해 하루 1번씩 규칙적으로 분무한다.

[사육 포인트]
• 먹이 관리
사육 스타일에 따라 다르지만 보통은 크기가 작은 살아있는 귀뚜라미를 사육장 안에 풀어놓는 방법이 일반적이다.

파충류, 양서류 애호가가 제작한 작품 중에서도 건조한 곳에서 서식하는 생물을 위한 비바리움을 소개하고 제작자와 이 책 감수자의 코멘트도 함께 수록했다. 각각의 개성 넘치는 비바리움에서 생물을 배려한 요소를 엿볼 수 있는 기회가 될 것이다.

거들테일 아르마딜로 도마뱀의 비바리움

[이 책의 감수자 코멘트]

▪ 중앙의 나무 오브제가 포인트

생물의 특징을 세심하게 고려했을 뿐 아니라 건조한 환경을 충분히 살린 훌륭한 비바리움 작품입니다. 특히 중앙에 배치한 '나무' 오브제는 따라하고 싶을 정도로 잘 표현되었다고 생각합니다.

[비바리움 데이터]

대상 ▶ 거들테일 아르마딜로 도마뱀(Ouroborus Cataphractus)

사육장 ▶ 사이즈 약 가로 90.0cm X 세로 46.5cm X 높이 약 47.5cm / 유리 제품

조명 ▶ 가시광선 램프 / UV 램프(2종) / 적외선 & UV 겸용 램프

바닥재 ▶ 우드 칩(천연 코코넛 열매 타입) / 바닥재용 모래(호두껍질 타입)

골격 ▶ 유목(복수 종) / 코르크 껍질 / 적외선 스폿용 돌

식물 ▶ 인공식물

사육용 아이템 ▶ 파충류용 물그릇

[제작자]

유루유루 파충류 아미

[제작자 코멘트]

조금 겁이 많은 편으로 주로 은신처나 그늘에 숨어 있다가 모습을 나타냅니다. 비바리움은 이런 개체의 단순한 동선을 고려하여 제작했습니다.

사하란 유로매스틱스의 비바리움

[비바리움 데이터]

대상 ▶ 사하란 유로매스틱스(Saharan Uromastyx Geyri)

사육장 ▶ 사이즈 약 가로 90.0cm X 세로 45.0cm X 높이 45.0cm / 유리 제품

조명 ▶ 적외선 램프 / UV 램프

바닥재 ▶ 바닥재용 모래(천연 호두껍질 타입)

골격 ▶ 벽돌 / 슬라이스 록(평평하게 자른 돌) / 천연석

레이아웃용 아이템 ▶ 적외선 스폿용 바위

사육용 아이템 ▶ 파충류용 물그릇

[제작자]

파충류클럽(나가노점)

[제작자 코멘트]

벽돌과 평평한 돌을 잘 배치하여 적외선 스폿을 만들고 은신처 공간으로 사용했습니다.

[이 책의 감수자 코멘트]

▪ **암석 지대의 느낌을 충분히 살린 감각이 돋보인다.**

위 사진에 보이는 비바리움은 평평한 돌과 벽돌을 잘 활용하여 여러 개의 은신처와 적외선 스폿을 만들었습니다. 암석 지대의 느낌이 물씬 풍겨 뛰어난 감각이 돋보이는 작품입니다. 그리고 아래 사진의 비바리움에서는 스티로폼을 레이아웃에 활용한 점에 감탄하지 않을 수 없습니다. 백 패널과 은신처, 적외선 스폿의 역할을 모두 충족하고 있습니다. 조금 어렵겠지만 도전해보길 바라는 비바리움 중의 하나입니다.

가시꼬리왕도마뱀의 비바리움

[비바리움 데이터]

대상 ▶ 가시꼬리왕도마뱀(Varanus Acanthurus)

사육장 ▶ 사이즈 약 가로 90.0cm X 세로 45.0cm X 높이 45.0cm / 유리 제품

조명 ▶ 적외선 램프 / UV 램프

바닥재 ▶ 바닥재용 모래(천연 코코넛 바크 타입)

골격 ▶ 벽돌 / 스티로폼(폴리스티렌 수지로 만든 단열재) / 시멘트

사육용 아이템 ▶ 파충류용 물그릇

[제작자]

파충류클럽(나가노점)

[제작자 코멘트]

스티로폼으로 백 패널의 형태를 만들고 좀 더 사실감을 주기 위해 시멘트로 표면을 칠하여 바위가 쌓여있는 암벽을 재현했습니다. 백 패널이 은신처나 적외선 스폿을 대신하므로 다른 레이아웃 아이템은 전혀 설치하지 않았습니다.

Collection of morph | 모프 모음 |

파충류와 양서류에는 다양한 컬러와 무늬를 가진 종이 존재하며 그중 대표적인 개체로 표범도마뱀붙이를 들 수 있다. 표범도마뱀붙이의 비바리움은 심플하기 때문에 입문자에게도 추천한다. 마음에 드는 유형을 찾아 비바리움 제작에 도전해 보자.

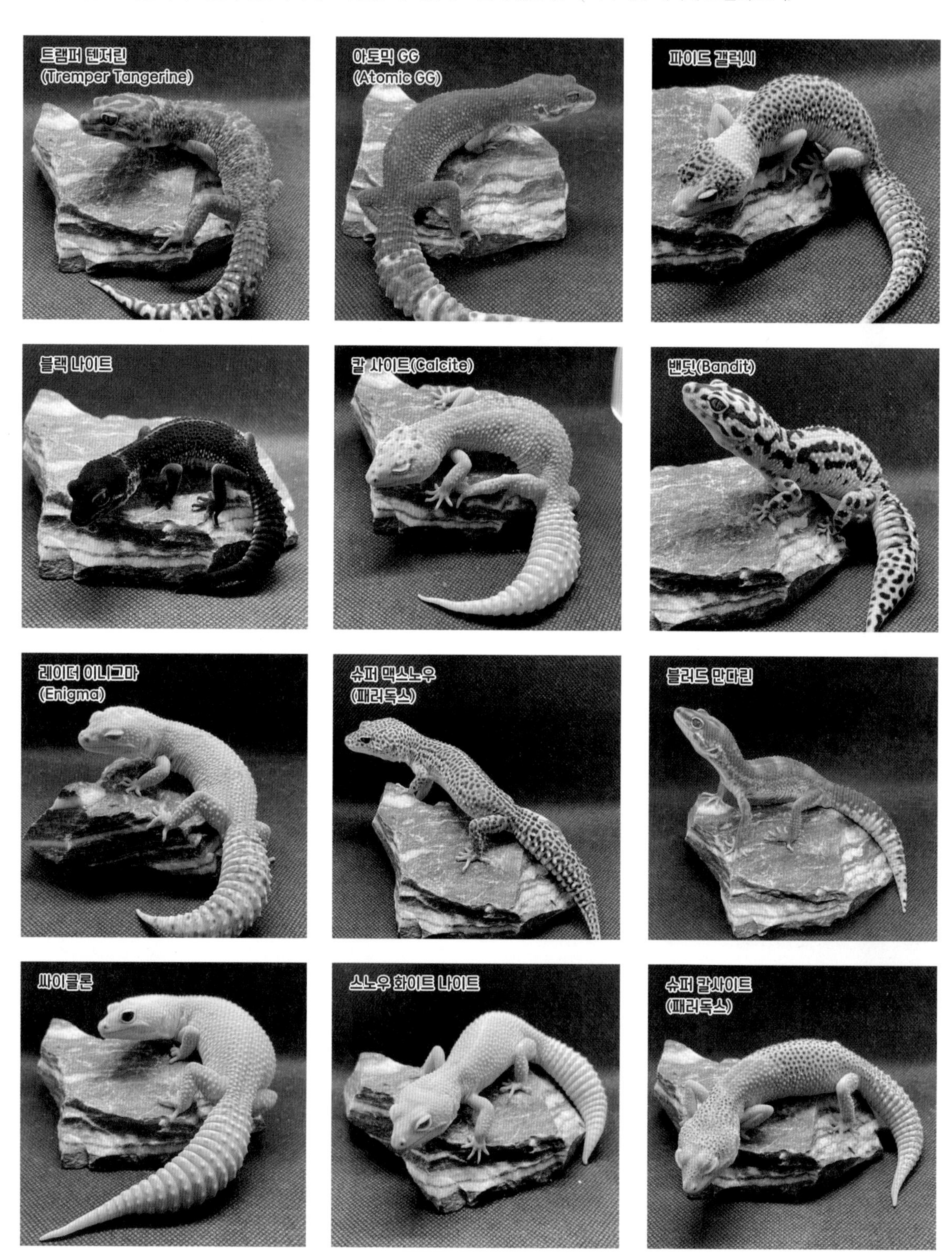

4장

물가에 서식하는 생물의 비바리움

물가에 서식하는 생물의 비바리움에는
습지 요소를 설치하는 것이 기본이다.
바닥재로 높낮이의 차이를 두고 낮은 곳에 물을 채우는 방법이나
바닥 전체에 물을 붓고 유목을 땅으로 사용하는 방법이 있다.
상황에 따라 물그릇만 설치해도 충분하다.
먼저 완성 단계의 모습을 상상해 보는 작업부터 시작하자.

사육장 안에 물터를 설치하고 관엽식물과 이끼 등으로 초록을 더한다.

물가를 테마로 하는 비바리움은 언뜻 보기에는 복잡해 보여도 제작은 쉽게 할 수 있다.
식물을 부분적으로 배치하는 것이 포인트다.

▪ 굳이 말하자면 평면적이고 쉬운 난이도

물가를 테마로 한 비바리움의 대상은 물과 가까운 곳에서 서식하는 생물로, 사육장 안에 물이 있는 공간을 설치하는 것이 기본이다. 만들기 어려울 것이라고 생각할 수 있지만 숲을 테마로 한 비바리움에 비하면 오히려 평면적이고 아이템도 많지 않아 난이도가 높지 않다. 이장에서는 오키나와 칼꼬리영원과 미야코니스 토드(두꺼비)의 비바리움을 제작 순서와 함께 소개한다. 두 작품 모두 손쉽게 만들 수 있을 것이다. 또, 두 생물 모두 일본 오키나와에 분포하는 종으로 일본 혼슈 등에 근연종이 서식하고 있다. 일본과 같은 온대 몬순 기후에 속하는 한국의 기후에서도 적합한 생물로, 온도와 습도 관리에 큰 어려움이 없이 사육하기 쉽다는 장점이 있다.

자연환경과 표현 포인트

오키나와 계곡의 모습. 푸른 녹음이 우거져 있어 매우 아름다운 광경이 펼쳐진다.

영원류는 물가에서 가까운 바위 사이에서도 볼 수 있다.

물가에는 바위에 이끼가 있다. 이 모습도 재현해 보자.

▪ 오키나와의 환경을 참고한다.

오키나와 칼꼬리영원과 미야코니스 토드(두꺼비)는 오키나와의 강이나 연못 혹은 물가 가까이 있는 삼림이나 풀숲에서 서식한다.

여행을 다녀온 경험이 있다면 그때 본 풍경이 좋은 자료겠지만 여행 경험이 없더라도 오키나와의 풍경을 담은 사진이 인터넷에 많이 올라와 있으므로 그것을 참고하면 좋을 것이다.

레이아웃용 아이템 중에서도 이끼에 더 많은 신경을 써야 한다. 이끼는 주로 물가에서 자라므로 물가를 테마로 한 비바리움에는 매우 적합한 소재다. 단, 일반적으로 이끼라고 부르지만 여러 종류가 있으므로 자신이 원하는 이미지에 맞는 것을 고르자. 상황에 따라서는 여러 종류의 이끼를 함께 설치하면 더욱 아름다운 비바리움을 만들 수 있다.

물가에 사는 생물의 특징과 사육환경의 포인트

▪ 물터를 어떻게 설치하느냐가 큰 핵심

물가를 테마로 한 비바리움의 땅과 물터 비율은 대상 생물의 종에 따라 다르다. 일반적으로는 물터를 크게 만들지 않아도 된다. 이장에서 소개하는 비바리움 중에는 개구리류보다 영원류의 물터를 더 넓게 설치했지만 비율로 보면 물터보다 육지 쪽이 더 큰 것도 있다.

한편, 물터를 설치할 때는 사육장 안에 높낮이 차이를 주고 낮은 곳에 물을 채우거나 큰 유목을 육지로 삼고 바닥 전체에 물을 채우는 방법이 있다. 상황에 따라 종이나 이미지에 맞는 물그릇을 설치해도 좋다. 어떤 방법을 선택하느냐에 따라 완성도가 크게 달라지므로 신중하게 생각하고 결정하자.

물이 더러우면 미관을 해치므로 물가를 테마로 한 비바리움은 세심한 관리가 필요하다.

높낮이 차이를 주어 물터를 만들고, 균형을 고려해 분위기에 맞는 이끼를 설치한다.

높낮이에 차이를 두어 물터를 만든 오키나와 칼꼬리영원의 비바리움을 예로 들어 물가 테마의 비바리움 제작 방법을 소개한다.

오른쪽 위에서

Close Up

자연환경을 고려해 이끼를 고르게 설치한다.

물그릇을 사용하지 않고 사육장 안에 높낮이 차이를 두어 물터를 만들었다.

▪ 사육장 안에 높낮이의 차이를 주고 물터를 만든다.

복잡해 보일 수 있지만 비교적 쉽게 제작할 수 있는 비바리움이다.

오키나와 칼꼬리영원의 비바리움에는 경석 등 바닥재를 이용해 사육장의 높낮이 차이를 주고 낮은 부분에 물을 채워 물터로 삼았다. 따라서 물그릇은 설치하지 않아도 된다. 이 책에서 소개하는 다른 종류의 비바리움과 분위기가 다른 공간을 만들어내는 이 구조가 중요한 포인트라 할 수 있다.

같은 환경에서 사육할 수 있는 다른 생물
- 일본 붉은배영원

※ 그 외에 같은 크기의 영원류 등

포인트

■ 식물의 뿌리를 숨긴다.

관엽식물은 화분을 그대로 사용한다. 이끼를 이용해 가리기 때문에 위화감을 주지 않는다.

■ 두 종류의 이끼 사용

자연환경에서는 이끼가 주로 습한 지역에서 자라기 때문에 물가를 테마로 한 비바리움에 잘 어울린다. 여기서는 털깃털이끼, 가는흰털이끼 두 종류를 준비했다. 털깃털이끼는 육지 쪽 넓은 부분, 가는흰털이끼는 유목의 가장자리를 중심으로 레이아웃했다. 이로써 관상 가치가 한층 높은 비바리움으로 마무리되었다.

사진 속 붉은 동그라미 부분에
보이는 것이 가는흰털이끼다.

물가를 테마로 한 비바리움의 포인트

■ 물터는 물그릇으로도 OK

기본적으로 물가 테마의 비바리움은 물터가 필요하지만, 물그릇만으로도 충분할 때가 있다. 물그릇의 넓이나 깊이는 대상 종에 따라 다르다.

또한, 물그릇은 시중에서 다양한 형태의 것을 구할 수 있으므로 이미지에 맞는 멋진 물그릇을 선택하는 것도 중요하다.

물터는 물그릇으로 대체해도 좋다. 제작자가 생각하는 비바리움의 모습에 어울리는 것을 선택한다.

➡ 사진의 비바리움은 118쪽에

■ 이끼는 상황에 맞춰 배치한다.

물가 테마의 비비바리움에는 이끼가 잘 어울리지만 이를 배치할 때는 대상 종을 고려해야 한다. 이장에서 소개하는 미야코니스 토드(두꺼비)는 몸집이 크고 육지 활동이 왕성하기 때문에 이끼를 바닥 전체에 깔면 쉽게 손상된다. 이럴 때는 범위를 좁혀 설치하는 것이 바람직하다.

생물에게 밟혀 훼손될 가능성이 높을 때는 범위를 좁혀 이끼를 배치한다.

➡ 사진의 비바리움은 118쪽에

오키나와 칼꼬리영원 알아보기

▪ 사육하기 쉬운 일본의 고유종

오키나와 칼꼬리영원은 일본의 혼슈, 시코쿠, 규슈 등지의 논과 연못에 사는 붉은배영원의 근연종으로 일본 오키나와에 분포한다. 붉은배영원과 마찬가지로 일본 고유종이다.

붉은배영원과 다른 점은 꼬리가 가늘고 길다는 점이다. 칼꼬리영원이라는 이름은 꼬리가 칼을 떠올리게 하는 형태(칼꼬리)에서 유래되었다고 한다.

오키나와 칼꼬리영원을 포함해 영원류는 물속 수초에 알을 낳는다. 단, 자연환경에서는 근처에 물터가 있는 풀숲에서도 발견되므로 완전한 수생(水生) 생물이 아니라 반(半)수생 생물로 알려져 있다.

[생물 데이터]

- **생물분류** / 양서류, 영원과 영원속
- **전체 길이** / 약 14~18cm
- **수명** / 20년 정도
- **식성** / 육식성(곤충의 유충 중심)
- **생김새와 특징** / 배와 몸 옆쪽에 있는 줄무늬의 색이 오렌지빛을 띠며 등과 몸 옆쪽에 노란색 반점이 있다. 몸의 색과 무늬는 개체마다 차이가 있다.
- **사육 포인트** / 일 년 내내 기온이 높은 오키나와에 분포하므로 지역에 따라서는 추운 계절에 특별한 온도 관리가 필요하다. 다만 일본의 고유종이기 때문에 국외 생물 종에 비하면 기후가 잘 맞고 기질도 강하여 사육하기가 쉽다. 성격은 온순하면서도 움직임이 활발해 감상하기에 적합하다. 먹이로는 구하기 쉽고 관리가 편한 냉동 붉은 장구벌레나 거북용 배합 사료가 좋다.

물가를 테마로 한 비바리움의 대상

▪ 물가에 사는 개구리도 비바리움의 대상이 된다.

근연종인 붉은배영원도 여기서 소개하는 비바리움에 사육할 수 있다. 또한 이장에서는 미야코니스 토드(두꺼비)의 비바리움도 소개한다.

이장에서 소개하는 종

미야코니스 토드(두꺼비)

오키나와 칼꼬리영원과 마찬가지로 오키나와에 분포한다. 동글동글한 모습이 사랑스럽다.

➡ 자세한 내용은 118쪽에

MEMO

양서류는 유체 시기에 아가미로 호흡한다.

• 유체는 아가미 호흡을 한다.

양서류는 유체 시기에 아가미로 호흡하며 물속에서 지내다가 성체가 되면 폐와 피부로 호흡하면서 물가 부근의 육지로 올라오는 생물이다. 양서류는 영원과 개구리 이외에도 도롱뇽이 유명하다. 또한 영원과 도롱뇽은 번식 방법이 다른데 영원은 체내 수정을, 도롱뇽은 체외 수정을 한다.

준비

▪ 관엽식물과 이끼, 적옥토는 여러 종류를 준비

관엽식물, 이끼, 바닥재인 적옥토는 각각 여러 종류를 준비한다. 각각 한 종류만으로도 비바리움을 제작할 수 있지만 다른 종류를 함께 구성하면 외관의 변화가 다채로워 관상 가치가 높아진다.

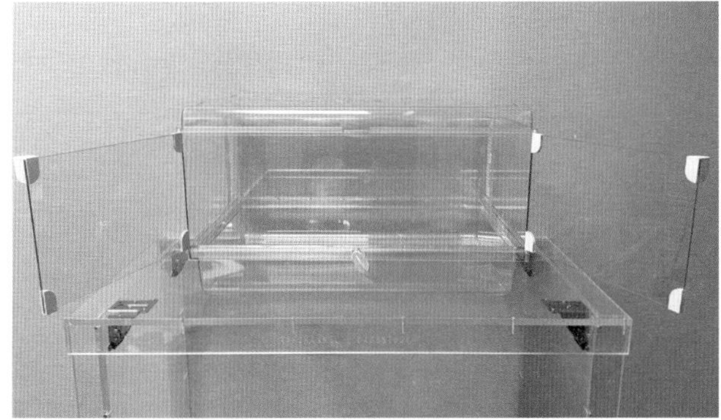

[사육장]

사육장 ▶ 사이즈 약 가로 58.0cm X 세로 39.2cm X 높이 32.0cm / 플라스틱 & 유리(전면) 제품

[레이아웃용 아이템]

바닥재 ▶ 경석 / 적옥토(알갱이 크기별로 대와 소 2종)

골격 ▶ 유목

식물 ▶ 관엽식물(여러 종류) / 이끼(털깃털이끼, 가는흰털이끼)

크기나 형태를 고려하여 햄스터 등의 작은 동물도 사용할 수 있는 사육장을 선택

식물의 종류는 대상 종이 서식하는 지역의 자연환경을 고려하여 결정한다.

이끼는 두 종류를 준비. 한 종으로만 구성할 때보다 완성도가 높아진다.

적옥토는 알갱이가 큰 것과 작은 것을 함께 사용해 좀 더 자연환경에 가까운 토양을 표현했다.

물가를 테마로 한 비바리움의 레이아웃용 아이템

▪ 디자인이 뛰어난 물그릇을 선택

물가를 테마로 한 비바리움에서 물터는 필수다. 오키나와 칼꼬리영원의 비바리움은 사육장 안에 육지 공간과 물터 공간을 분리해 사육장 자체를 물을 담는 용기로 사용하지만 따로 물그릇을 설치하는 방법도 있다.

➡ 사진의 비바리움은 118쪽에

순서

순서① 골격을 만든다.

① 경석을 깐다.
먼저 완성된 모습을 상상한 후 그 이미지에 맞춰 사육장 바닥에 경석을 깐다.

Check!

육지와 물터 장소를 결정한다.

오키나와 칼꼬리영원의 경우에는 육지와 물터의 비율을 육지가 다소 많은 약 7:3으로 나누었다. 여기서는 경석을 사육장 안에서 이리저리 배치해 보며 구체적인 완성 이미지를 결정했다.

② 유목을 설치한다.
경석 위에 유목을 설치한다. 유목의 위치나 방향에 따라 비바리움의 인상이 크게 변하므로 신중하게 결정한다.

Check!

그물망 채로 사용

그물망에 포장된 경석을 구매할 수 있다. 그물망에 들어있는 채로 사용하면 작업을 좀 더 쉽게 진행할 수 있다.

물가를 테마로 한 비바리움의 골격 만들기

▪ 다양한 각도에서 확인한다.

비바리움을 제작할 경우 레이아웃용 아이템의 위치나 방향도 중요하다. 위치나 방향을 결정하면 조금 내려보거나, 비스듬히 보거나, 위나 옆 등 시선을 바꾸어 전체적인 균형을 확인하자.

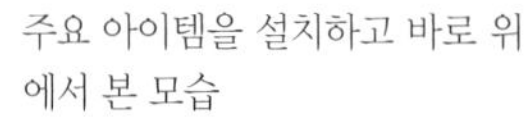
주요 아이템을 설치하고 바로 위에서 본 모습
➡ 사진의 비바리움은 118쪽에

순서② 식물과 바닥재를 설치한다.

① 식물을 설치한다.
경석 위에 관엽식물을 설치한다. 오키나와 칼꼬리영원을 관찰하기 쉽도록 충분히 고려하여 설치 장소를 선택한다.

Check!

그때그때 상황에 맞게 대처한다.

비바리움을 제작할 때는 사전 준비와 작업을 시작하기 전에 완성된 이미지를 생각하는 것 외에 작업을 진행하면서 상황에 맞게 적절히 대처하는 것도 중요하다. 여기서는 관엽식물을 실제로 배치해 보고 확인한 결과, 전체적인 균형에 문제가 있어 준비한 아이템 3개 중에서 하나를 사용하지 않았다.

② 알갱이가 굵은 적옥토를 깐다.
경석 위에 굵은 적옥토를 깐다. 경석이 깔려 있는 부분을 굵은 적옥토로 덮는다.

③ 알갱이가 작은 적옥토를 깐다.
바닥 전체에 알갱이가 작은 적옥토를 깔아준다. 큰 알갱이 위에 작은 알갱이를 깔면 큰 알갱이 사이의 틈을 작은 알갱이가 메워준다.

높낮이에 편차를 둔다.

이 비바리움은 가운데가 물터이므로 육지가 될 부분보다 높이를 낮게 한다.

순서③ 이끼를 배치하고 물을 채운다.

① **이끼를 배치한다.**
육지 부분에 이끼를 덮는다. 여러 종류를 사용하면 실제 자연환경에 좀 더 가까워진다.

② **사육장 안에 물을 넣는다.**
사육장에 물을 넣는다. 물터의 깊이는 2~3㎝ 정도가 기준이다.

순서④ 전체 레이아웃을 확인하고 마무리한다.

① **레이아웃 전체를 확인하고 조정한다.**
대략적인 작업이 끝나면 전체 균형을 확인하고 필요에 따라 조정한다.
➡ 완성된 비바리움은 110쪽에

② **오키나와 칼꼬리영원을 넣는다.**
개체를 조심스럽게 넣는다. 뚜껑을 닫을 때 개체나 아이템이 끼지 않도록 주의한다.

물가를 테마로 한 비바리움의 완성

▪ 관찰하게 될 위치를 고려한다.

비바리움을 제작할 때는 평소 그 비바리움을 관찰하게 될 위치를 고려하는 것이 중요하다. 단적으로 말하면 뒤에서 보았을 때 굳이 아름다울 필요는 없다. 물가 테마의 비바리움은 위에서 주로 관찰하는 것이 특징이다.

주로 위에서 보는 비바리움은 그 위치에서 완성도를 확인한다.
➡ 사진의 비바리움은 118쪽에

유지 보수와 사육 포인트

[유지 보수 포인트]

• 물 교환

사육장 내부를 청결하게 유지하기 위해 물은 정기적으로 갈아준다. 교환 시기는 일주일에 한 번을 기준으로 삼는다. 수돗물을 그냥 사용해도 괜찮지만 석회 제거제를 사용하면 석회를 제거할 수 있으므로 안심이 된다.

• 바닥에 고인 물 처리

물그릇을 설치한 비바리움에서 사육장 바닥에 물이 고이면 스포이트를 사용하거나 열대어용 에어호스를 이용해 사이펀 원리로 물을 빼낸다.

• 배설물 처리

배설물이 보이면 핀셋을 이용해 신속하게 제거한다.

• 바닥재 교환

우드 칩 등 바닥재를 사용했을 때는 기본적으로 한 달에 한 번, 바닥재 전체를 교환한다.

• 식물 관리

이끼는 하루에 한 번, 분무기를 이용해 물을 준다. 또, 식물의 잎이 시들거나 자라서 형태가 흐트러지면 잘라서 정돈한다. 생물이 밟아 시들었을 때도 새것으로 교체한다.

• 사육장 유지 보수

사육장의 유리가 더러워지면 부드러운 천 등을 이용해 청소한다.

[사육 포인트]

• 온도 관리

다른 종류의 비바리움과 마찬가지로 사육장 내부의 온도는 대상 종에 따라 적절히 관리한다. 예를 들어 양서류 중에는 간혹 자연환경에서는 겨울잠을 자는 종도 있다. 이장에서 소개하는 오키나와 칼꼬리영원과 미야코니스 토드(두꺼비) 모두 겨울에 기온이 떨어지면 겨울잠을 자는 경우가 있지만 사육 환경에서는 위험할 수 있으므로 일정한 온도를 유지해 겨울잠을 자지 않도록 관리한다.

일반적으로 오키나와 칼꼬리영원은 겨울잠을 자지 않게 관리한다.

• 먹이 관리

이장에서 소개하고 있는 오키나와 칼꼬리영원과 미야코니스 토드(두꺼비)는 모두 육식성이다. 미야코니스 토드(두꺼비)는 살아있는 귀뚜라미를 주로 먹는데 핀셋을 이용해 주거나 자연환경과 마찬가지로 사육장 안에 풀어 놓는 것도 좋다.

한편, 오키나와 칼꼬리영원은 시중에 판매하는 거북이용 배합사료를 주식으로 먹기도 한다. 거북이용 배합사료는 핀셋으로 주어야 하지만 익숙하지 않은 개체는 핀셋으로 주면 먹지 않을 수 있다. 이때는 개체를 별도 용기로 옮기고 냉동 붉은 장구벌레를 주는 방법도 있다.

사육장 안의 물터에 냉동 장구벌레를 넣으면 물이 바로 오염되므로 다른 용기로 옮긴 후 주도록 한다.

Layout ▸ 15 미야코니스 토드(두꺼비)

미야코니스 토드(두꺼비)의 생태를 고려하여 관엽식물이나 이끼는 범위를 좁혀 설치한다.

미야코니스 토드(두꺼비)는 튼튼하고 활동적인 생물이다.
식물은 무너지거나 훼손될 수 있으므로 적절히 배치한다.

정면 위쪽에서

Close Up

이끼는 범위를 한정시켜 배치한다.

미야코니스 토드(두꺼비)는 심플한 레이아웃에서도 사육할 수 있지만 식물을 설치하면 시각적으로 아름다워진다.

같은 환경에서 사육할 수 있는 생물류

- 얼룩무늬영원(대리석 영원)(Triturus Marmoratus)
- 카스미 도롱뇽(Hynobius Nebulosus)

※ 그 외에 주로 물가에 서식하는 양서류 등

▪ 균형을 고려해 식물을 배치한다.

미야코니스 토드(두꺼비)는 성체의 크기가 10cm가 넘는 다소 큰 개구리다. 몸은 다소 땅딸막하며 손에 얹으면 묵직한 무게감이 느껴진다. 활동량이 많은 탓에 여러 마리의 성체를 한 사육장 안에서 키우면 설치한 관엽식물과 이끼는 원래 모습을 유지하기 힘들다. 그러므로 식물은 개구리의 크기나 식물 자체가 튼튼한지 특성을 고려해 선택해야 한다. 한편, 설치 식물이 너무 많으면 조화를 이루지 못하므로 균형을 고려해 적절한 양을 배치한다.

MEMO

개구리는 배로 수분을 보충한다.

미야코니스 토드(두꺼비)를 포함해 개구리류는 기본적으로 입을 통해서가 아니라 배의 피부로 수분을 보충하기 때문에 개구리류의 비바리움에는 물그릇이 필수 품목이다. 물그릇은 개구리의 몸이 충분히 잠길 수 있는 크기를 선택한다.

포인트

▪ 은신처로 화분을 이용

미야코니스 토드(두꺼비)가 몸을 숨길 수 있게 검은색 플라스틱 화분을 은신처로 선택했다. 이것은 아이디어를 살린 합리적인 아이템이다. 한편 위화감을 없애기 위해 적옥토를 화분 속까지 깔아놓았다.

▪ 물그릇도 신중하게 선택한다.

물그릇은 미야코니스 토드(두꺼비)에게 반드시 필요한 아이템이다. 넉넉한 넓이와 적절한 깊이 외에도 외형적인 아름다움을 고려해 선택한다.

▪ 이끼는 범위를 좁혀 배치한다.

이끼를 넓은 범위에 깔았을 경우, 미야코니스 토드(두꺼비)가 활동을 시작하면 원래 형태를 유지하기 힘들다. 너무 많이 사용하지 말고 범위를 좁혀 배치한다.

화분을 은신처로 사용

미야코니스 토드(두꺼비) 알아보기

▪ 다양한 무늬와 색을 가진 개체가 존재한다.

미야코니스 토드(두꺼비)는 러시아와 중국 동부, 한반도 등에 분포하는 두꺼비(Bufo Gargarizans)의 아종이다. 이름에서 알 수 있듯이 일본 오키나와현 미야코(宮古) 제도에 서식한다. 일본에 분포하는 일본 두꺼비(Bufo Japonicus)보다 소형이다.

등에 노란 줄이 있는 개체

[생물 데이터]

- **생물분류** / 양서류, 두꺼비과 두꺼비속
- **전체 길이** / 약 5~10cm
- **수명** / 10년 정도
- **식성** / 육식성(지렁이나 개미 등의 지표성 소형 동물 중심)
- **생김새와 특징** / 눈이 크고 얼굴 모양이 귀엽다. 개성 넘치는 외모에 컬러와 무늬가 다양한 유형이 있다.
- **사육 포인트** / 일본의 미야코 제도는 연평균 기온이 23° 정도이고 최저일 때도 16° 정도다. 평균 습도가 80% 정도인 아열대 해안성 기후이므로 이 조건에 맞춰 환경을 조성한다. 사육장 크기가 가로 60㎝ X 세로 40㎝ X 높이 40㎝일 때 3~4마리 정도 사육하는 것이 좋다.
  먹이는 대부분 귀뚜라미 등 살아있는 곤충을 사육장 안에 풀어준다.

등에 오렌지색 줄이 있는 개체

등에 굵고 노란 줄이 있는 개체

준비

[사육장]

사육장 ▶ 사이즈 약 가로 58.0cm X 세로 39.2cm X 높이 32.0cm / 플라스틱 & 유리(전면) 제품

[레이아웃용 아이템]

바닥재 ▶ 경석 / 적옥토

골격 ▶ - (골격용 큰 아이템은 사용하지 않는다.)

식물 ▶ 관엽식물(스킨답서스 : 플라스틱 화분도 준비) / 이끼(여러 종류를 준비)

▪ 스킨답서스를 사용한다.

비교적 강한 식물인 스킨답서스가 미야코니스 토드(두꺼비) 비바리움에 잘 어울린다. 한편, 사육장 안에 초록을 더하고 싶을 때는 인공 식물도 OK.

순서

순서① 경석을 깔고 식물을 배치한다.

① 경석을 깔고 은신처의 위치를 결정한다.

먼저 기초가 되는 부분을 설치한다. 경석을 바닥에 깔아 물 빠짐을 좋게 하고 은신처의 위치를 결정한다.

Check!

높이를 조정한다.

그물망에 들어있는 상태의 경석을 그대로 설치해도 좋다. 단, 여기서는 물그릇을 배치하는 장소에 경석을 얇게 깔아야 하므로 그물망에서 꺼내어 배치했다.

② 식물의 배치를 결정한다.

식물의 배치를 결정한다. 식물은 생물의 크기를 염두에 두고 잎의 크기나 튼튼한 성질을 고려해 선택한다.

③ 물그릇을 설치한다.

물그릇을 설치한다. 물그릇은 외관의 아름다움을 고려해 선택한다.

순서② 적옥토를 깔고 식물을 설치한다.

① 적옥토를 깐다.
사육장 안의 육지 부분에 적옥토를 깐다. 이때 식물을 단단히 설치한다.

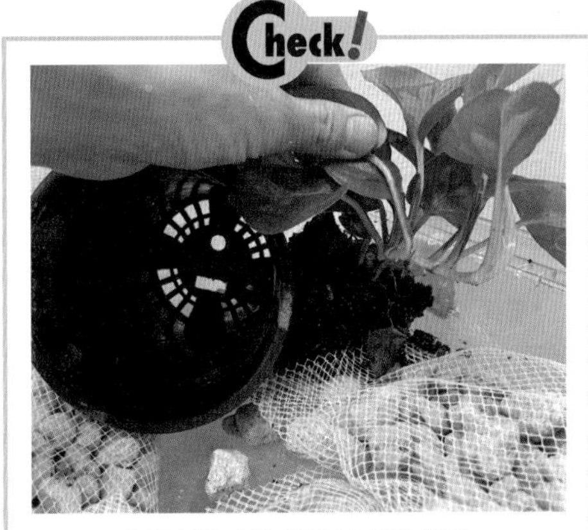

식물은 화분에서 꺼낸다.

식물은 화분에서 꺼내어 설치한다. 상황에 따라 다르지만 화분에 들어 있는 상태로는 보기에 좋지 않을뿐더러 식물의 건강에도 안 좋은 영향을 줄 수 있다.

순서③ 이끼를 설치하고 마무리한다.

① 이끼를 설치한다.
상황에 맞게 이끼를 설치한다. 여기서는 개체의 몸에 묻은 흙을 털어낸 뒤 물그릇과 연결된 느낌으로 물그릇 주변에 배치한다.

➡ 완성된 비바리움은 118쪽에

② 사육장 덮개를 달고 생물을 넣는다.
사육장 윗부분의 덮개를 달고 사육 개체를 넣는다.

유지 보수와 사육 포인트

[유지 보수 포인트]

• 식물 손질

식물에 물을 주기 위해 하루에 한 번 분무한다. 분무는 사육장 내부의 습도를 일정하게 유지하는 데도 도움이 된다. 또, 식물이 너무 자라면 잘라주고 식물이 시들면 새롭게 교체한다.

[사육 포인트]

• 생물의 수분 공급과 습도 관리

물그릇의 물은 하루 한 번 교환해 준다. 또한 사육장 바닥에 물이 고이면 물그릇을 꺼내고 스포이트 등을 이용해 물을 빼준다.

한마디로 '물가에 서식하는 생물의 비바리움'이라고 할 수 있지만 비바리움의 유형은 다양하다. 그중에는 수상성 비바리움과 유사한 작품도 있다. 이 책의 감수자와 제작자의 코멘트와 함께 물가를 테마로 한 비바리움을 소개한다.

[녹색이구아나 트랜슬 루센트 레드의 비바리움]

[제작자 코멘트]

창틀을 그대로 살려 자체 제작한 초대형 사육장을 사용했습니다. 대형 이구아나가 올라가도 무너지지 않을 굵은 코르크 가지나 나뭇가지를 잘 배치해 입체적으로 활동할 수 있는 구조를 만들었습니다.

[비바리움 데이터]

대상 ▶ 녹색이구아나 트랜슬 루센트 레드(Green Iguana Translucent Red)

사육장 ▶ 사이즈 약 가로 190.0cm X 세로 70.0cm X 높이 190.0cm / 목제 & 유리 제품

램프 ▶ 적외선 램프 / UV 램프

바닥재 ▶ 우드 칩(천연 코코넛 바크 타입)

골격 ▶ 코르크 가지 / 나뭇가지

사육용 아이템 ▶ 컨테이너 상자(물그릇으로 사용)

[사육장]

파충류클럽(나가노점)

일본 붉은배영원의 비바리움

[비바리움 데이터]

대상 ▶ 일본 붉은배영원(Cynops Pyrrhogaster)

사육장 ▶ 사이즈 약 가로 31.5cm X 세 로 31.5cm X 높이 33.0cm / 유리 제품

바닥재 ▶ 열대어용 자갈

골격 ▶ 유목(3개)

식물 ▶ 이끼(2종) / 수초

레이아웃용 아이템 ▶ 테라보드(백 패널로 사용)

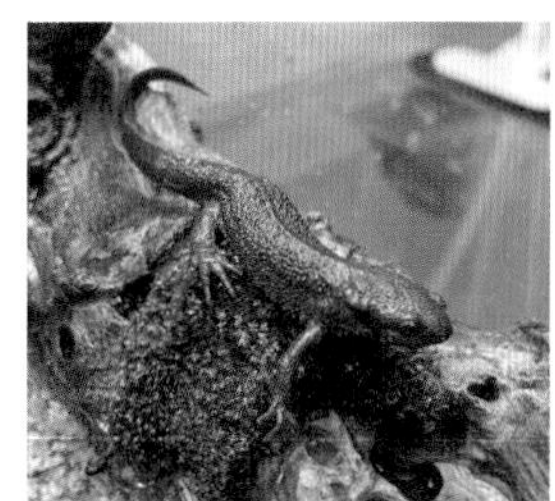

[제작자]

RAF 채널 아리마

[제작자 코멘트]

물터의 비율을 늘린 비바리움입니다. 자연환경에서 일본 붉은배영원을 흔히 볼 수 있는 습지대와 작은 연못 등 물의 흐름이 빠르지 않은 지역을 형상화해 제작했습니다. 유목과 이끼로 구성한 심플한 비바리움입니다. 일본 붉은배영원은 오키나와 칼꼬리영원과 달리 물터에 좀 더 가까이 서식하므로 물터 비율을 더 늘렸습니다.

생물에 해가 되지 않는 것을 전제로 좋아하는 파충류나 양서류를 기르며 맘껏 즐길 수 있기를 바랍니다.

이 책의 감수자 아리마 씨와 국내 파충류, 양서류계의 일인자라 할 수 있는 파충류클럽의 대표 와타나베 씨의 대담으로 이 책을 끝맺을까 합니다. 두 사람의 대화에는 비바리움을 제작하는 데 도움이 될 힌트가 담겨 있습니다.

■ 우선 생물을 이해한다.

– 처음 아리마 씨는 어떤 식으로 비바리움을 시작했나요?

아리마 저는 어렸을 때부터 생물을 무척 좋아했습니다. 그래서 지금까지 몇 종류의 생물을 길렀는지 다 알 수가 없을 정도입니다. 그 수많은 사육 경험 속에서 비바리움 제작의 즐거움을 깨닫고 많은 비바리움 경험을 거쳐 지금까지 오게 되었습니다. 그 과정에서 여러 사육 도구와 비바리움의 레이아웃용 아이템을 구하기 위해 방문한 곳이 파충류클럽이었습니다. 파충류클럽에서 정말 많은 도움을 받았지요. 이 책에서 소개하는 아이템 중에도 파충류클럽에서 구입한 품목이 있습니다. 와타나베 사장님도 비바리움 제작의 고수이신데 어떻게 하면 비바리움 제작을 좀 더 수월하게 시작할 수 있을까요?

와타나베 비바리움을 시작하는 계기를 보면 두 가지 패턴이 있습니다. 하나는 인테리어 관점에서 '이 방에 이러이러한 비바리움을 설치하고 싶다.' 하고 먼저 생각을 한 다음에 그 비바리움에 어울리는 생물을 사육하는 패턴입니다. 그리고 또 다른 하

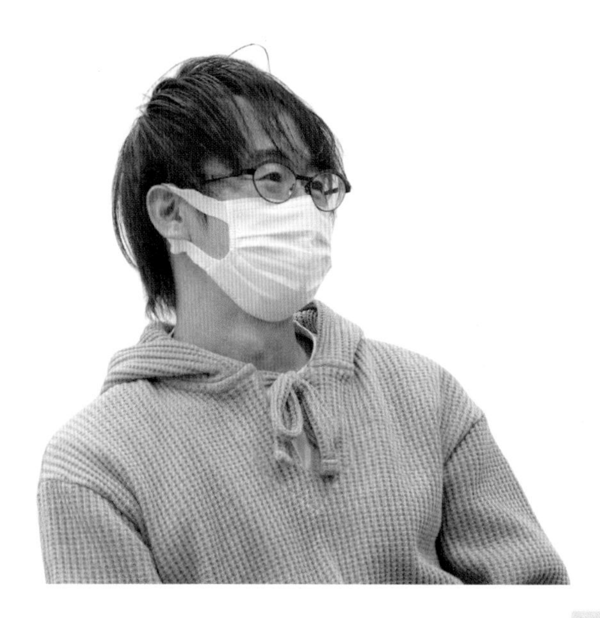

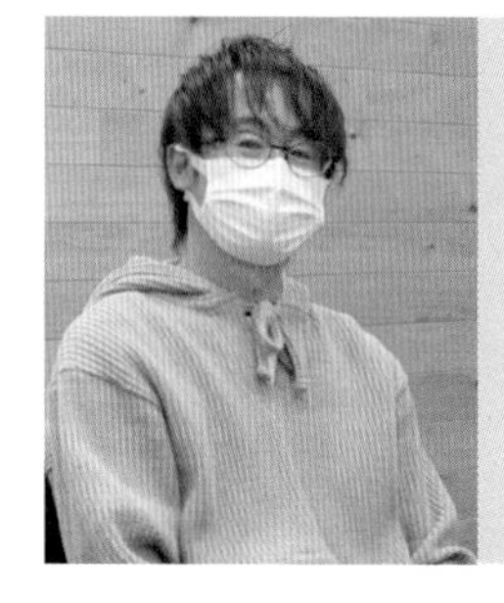

와타나베 히데오(渡辺 英雄)

유소년 시절부터 다양한 생물을 사육했다. 파충류와 열대어 숍의 점원과 점장을 거쳐 1996년에는 〈파충류클럽〉을 시작했다. 파충류 소매를 비롯해 도매 업무, 수출입, 생먹이의 번식, 대형 소매점 기획 등 파충류 업계에서 폭넓게 활동 중이다.

나는 사육하고 싶거나 사육하고 있는 생물에게 좀 더 아름다운 환경을 만들어주고 싶어 도전하는 패턴입니다.

아리마 그렇게 보면 저는 후자에 속하겠군요. 이 책에서 소개하는 비바리움도 먼저 생물을 고려한 뒤에 그 개체에 맞는 비바리움 제작에 착수하는 방식입니다.

와타나베 마침 얼마 전 한 고객으로부터 이와 관련된 질문을 받았습니다. 그분은 중학교 1학년 아들을 둔 아버지였습니다. 아이가 표범도마뱀붙이를 키우고 싶다고 했다는군요. 그리고 그분은 지금까지 파충류를 키워본 적이 없기 때문에 어떻게 키워야 좋은지 알고 싶다고 의뢰해 오셨습니다. 마치 비바리움을 말하는 것처럼 '모래 등의 바닥재를 깔고 유목을 놓아 멋지게 만드는 게 좋을까요?' 하고 물어오셨습니다.

아리마 표범도마뱀붙이는 인기가 많지요. 그래서 어떻게 대답하셨나요?

와타나베 그 가정에서는 파충류 사육은 처음이라 여러모로 익숙하지 않을 테니, 일단 심플한 편이 좋겠다고 말씀드렸습니다.

아리마 파충류 사육이 처음이라면 먼저 생물에 관해 잘 알아본 후에 시작하는 것이 중요하겠지요.

와타나베 그렇습니다. 표범도마뱀붙이의 경우는 조금 특별하니까요. 야생 표범도마뱀붙이가 서식하는 파키스탄과 같은 중동의 자연환경을 생각하면 큰 사육장을 준비하고 깨끗한 모래와 소일을 섞은 바닥재를 20~25cm 정도 깔고, 그곳에 유목을 놓는 것이 좋습니다. 그러면 표범도마뱀붙이는 잠을 잘 때 그 유목 주변의 흙을 파고 들어갈 겁니다. 좀 더 이상적인 것은 흙 표면은 건조하고 그 속은 적당히 습기를 머금고 있는 상태입니다. 그런 비바리움을 만들 수 있다면 정말 멋지겠지요. 하지만 실제로는 큰 사육장을 준비해 제작하는 일도, 적절한 온도와 습도를 관리하는 일도 꽤 어렵습니다.

아리마 사육자 중에는 플라스틱 케이스를 사육장으로 쓰고 표범도마뱀붙이가 건강하게 성장할 수 있는 최소한의 필요 시설만 갖추고 사육하는 사람도 많습니다. 그 방법도 결코 나쁘다고 말할 수는 없습니다.

와타나베 그리고 표범도마뱀붙이의 경우는 아주 오래전부터 애완동물로 사육되어온 배경과도 관련이 있습니다. 그 개체의 엄마, 아빠, 심지어 할아버지, 할머니까지도 사람의 손에 사육되었습니다. 그래서 비바리움에 서식하는 자연환경을 재현한다고 해도 다른 종들처럼 큰 영향을 받지는 않습니다.

아리마 확실히 표범도마뱀붙이는 너무 인공화가 진행된 종이기도 하지요.

와타나베 게다가 야행성이기 때문에 모처럼 예쁜 비바리움을 제작해도 활동 모습을 관찰하는 것은 어려울 수 있습니다. 그리고 먹이에 관해서인데요, 귀뚜라미 등의 살아있는 곤충을 사육장 안에 풀어놓을 경우, 무척 공들인 비바리움이라면 그 곤충을 찾아 잡아먹을 확률도 떨어집니다.

아리마 저도 같은 생각으로 비바리움을 만듭니다. 이번에 책에 실린 비바리움은 일부 예외가 있긴 하지만 모두 새롭게 제작했습니다. 기본적으로는 사육과 관리를 고려해 도를 넘지 않으려고 노력했습니다.

와타나베 표범도마뱀붙이는 조금 특별할 수 있지만 우선 심플한 환경에서 사육하고, 그 개체의 적절한 사육 방법을 터득한 뒤에 비바리움에 도전한다면 시행착오를 줄일 수 있을 겁니다. 물론 사육 환경을 전혀 신경 쓰지 않아도 된다는 말은 아닙니다. 예컨대, 저는 표범도마뱀붙이 사육장의 바닥재로 펫시트는 추천하지 않습니다. 분무를 해도 수분을 흡수해 버리기 때문에 사육장 안의 습도를 유지할 수 없기 때문입니다.

■ 비바리움에는 식물에 관한 지식도 필요하다.

– 비바리움을 제작할 때 특별히 주의할 점이 있다면 말씀해 주시겠습니까?

와타나베 비바리움은 사육장 내부를 아름답게 꾸미는 작업이기 전에 생명을 가진 존재와 함께 생활하는 것입니다. 그래서 먼저 그 생물에 맞는 환경을 조성해야 한다는 점을 인식해야 합니다. 대표적인 것이 온도와 습도 관리입니다. 예를 들어 중부턱수염도마뱀처럼 일광욕을 할 수 있는 적외선 스팟을 설치해야만 하는 종이 있습니다.

아리마 사육할 파충류나 양서류를 결정했다면 사육장의 크기를 생각해야 합니다. 그리고 생물에 따라 준비할 아이템도 달라집니다. 또한, 대형 생물의 경우에는 정성들여 설치한 레이아웃이 무너질 수 있으니 주의를 기울여야 합니다.

와타나베 비바리움에서 식물은 중요한 존재이므로 빛을 고려해야 합니다. 정보 한 가지를 말씀드리자면, 식물은 햇빛뿐 아니라 조명의 빛으로도 건강하게 자랍니다. 어쨌든 식물에는 빛이 필요하지요.

아리마 야행성 종을 대상으로 한 비바리움에 많은 식물을 심으면 낮 동안에는 그다지 램프를 켜놓지 않기 때문에 시들어버리기 쉽습니다.

와타나베 게다가 식물에는 독소의 문제도 있습니다. 가령, 시클라멘류는 독성이 있어 주의해야 합니다. 그리고 알로카시아 등 일부 뿌리 식물이나 베고니아류에도 독성이 있습니다.

아리마 당연히 식물에 대한 지식도 필요하다는 말씀이네요.

와타나베 전체로 보면 독성을 가진 식물은 적기 때문에 지나치게 걱정할 필요는 없습니다. 하지만 생물과 마찬가지로 역시 식물에 관해서도 확실하게 조사하여 지식을 습득하는 게 중요합니다.

아리마 지금은 아름다운 인공식물도 많기 때문에 그것을 활용하는 방법도 있습니다.

와타나베 그렇습니다. 다만 인공식물도 조심해야 합니다. 부드러운 소재의 경우에 생물이 물어뜯을 수 있습니다. 그래서 상황에 따라서는 단단한 소재를 선택해야 할 수도 있습니다.

파충류, 양서류 애호가들의 대화가 점점 활기를 띠고 있다.

아리마● 예를 들어 식물을 잘못 삼킬 수 있는 종으로는 어떤 생물이 있을까요?

와타나베● 이구아나류나 중부턱수염도마뱀도 있습니다. 유럽 등 해외에서는 잘못 삼키는 사건을 예방하기 위해 인공식물은 주로 딱딱한 소재를 선택합니다.

■ 작고 섬세한 비바리움의 장점

– 비바리움은 해외에서도 인기가 있습니까?

와타나베● 유럽과 미국에서 인기가 매우 높습니다. 그리고 해외 비바리움을 보면 크고 재미있습니다. 개인이라도 가로 75cm에 세로가 깊은 사육장을 많이 사용한다고 합니다.

아리마● 저는 해외에서 개인이 비바리움을 1층과 2층 복층 구조로 꾸미고 그곳에 큰 식물을 배치한 것을 본 적이 있습니다. 정말이지 큰 스케일에 놀랐던 기억이 납니다. 반면 저마다 주택 사정에 따라서는 문과 복도의 너비 문제도 있고 애초에 큰 사육장을 들이지 못하는 상황도 있을 겁니다.

와타나베● 그건 어쩔 수 없겠지요. 사실 비바리움은 크게 만드는 편이 더 간단할 수 있습니다. 오히려 작게 만드는 게 어려울 수 있습니다.

아리마● 확실히 그렇습니다. 공간이 제한적이면 신중하게 아이템을 선택해야 하니까요.

와타나베● 식물도 작은 것을 준비해야 합니다. 작은 사육장은 공간이 제한적이기 때문에 준비물은 소형 아이템을 선택하게 됩니다. 작은 식물로 분재가 좋은 예입니다. 사진으로 보면 스케일이 큰 나무 같지만 실제로는 아주 작습니다. 그렇게 생각하면 작은 비바리움도 나름대로 감상적인 면과 아기자기한 장점이 있다고 생각합니다.

■ 다루기 쉽고 편리한 테라보드

– 해외 이야기를 해 보았습니다. 그렇다면 비교라는 측면에서 과거와의 차이점은 어떤 것이 있을까요?

와타나베● 우선, 사육용품을 포함해 아이템이 매우 풍부해졌습니다. 과거에는 아이템 이전에 파충류나 양서류의 먹이인 귀뚜라미를 구하기조차 매우 힘들었습니다.

아리마● 새로운 아이템으로 말하자면 빨간눈청개구리의 비바리움(52쪽)에 사용한 테라보드의 존재를 알고 무척 놀랐습니다. 파충류클럽 나가노 매장에서 처음 보았는데 다루기 쉽고 획기적인 아이템이었습니다.

와타나베● 감사합니다(웃음). 테라보드는 해외에서 본 경험을 계기로 판매하게 되었습니다. 테라보드는 식물이 활착하는 것뿐 아니라 탈취 효과도 기대할 수 있습니다.

아리마● 탈취 효과도 말입니까!? 어쨌든 형태를 자유롭게 바꿀 수도 있고 경도가 딱 적당합니다. 겹쳐 놓으면 입체감도 느낄 수 있습니다. 꼭 활용을 권하고 싶은 아이템 중 하나입니다.

■ 바깥쪽에 패널을 설치해도 좋다.

– 와타나베 씨가 지금까지 제작한 비바리움 중에 가장 인상 깊은 것은 무엇입니까?

와타나베● 대형 식기 수납장을 사육장으로 만든 적이 있었는데, 그때가 기억에 많이 남습니다. 일단 선반을 모두 제거하고 사육장 안쪽에 바위를 배치하고 안쪽을 방수 가공해서…. 좀 전에 해외 비바리움 사례를 이야기했습니다만, 고생스럽긴 했어도 큰 사이즈의 비바리움 제작은 재미가 있지요.

아리마● 파충류클럽 나가노점에 있는 스티로폼 비바리움(105쪽)도 아주 멋집니다.

와타나베● 그런가요?(웃음). 좀 역설적이게도 건조한 지역의 비바리움에 대해서는 그렇게 하는 수밖에 달리 방법이 없습니다.

아리마● 맞는 말씀입니다. 저도 중부턱수염도마뱀의 비바리움(90쪽)은 처음에는 할 것이 없어서 곤란했습니다(웃음). 결국 바닥재를 깔고 멋진 유목을 놓고 아주 심플한 비바리움이 되었지요. 다만, 제작 과정에서 그곳에도 여러 가지 시도를 해 볼 여지

〈파충류클럽〉 나가노 매장에 전시되어 있는 테라보드를 사용한 비바리움. 생물은 왁시 몽키 프록(Waxy Monkey Tree Frog)

가 있다는 사실을 깨달았습니다. 그리고 저 스티로폼 비바리움이 좋은 참고가 되었습니다.

와타나베 ◍ 비바리움은 힘든 작업입니다. 한밤중에 스티로폼으로 계단을 만들고 다음날까지 완전히 마르기를 기다려야 하고… . 같은 작업이 뒷면뿐만 아니라 양쪽 옆 벽면에도 필요해서 시간이 더 걸렸습니다.

아리마 ◍ 이 책에서 소개한 비바리움 중에는 실리콘을 접착제로 사용한 것이 있습니다. 실리콘은 완전히 마르기까지 다소 시간이 걸리므로 다음날 이어서 작업해야 하는 상황이 됩니다. 이런 경우 정리하고 다시 준비하는 수고도 늘어납니다. 백 패널을 만드는 것은 재미있지만 상급자용으로 조금 난이도가 높습니다.

와타나베 ◍ 다음은 바깥쪽에 붙이는 방법도 있습니다. 사육장 바깥쪽에 스티로폼을 설치하고 그곳에 식물을 심는 것도 좋고, 구입한 패널을 외부에 설치하기만 해도 분위기가 달라집니다.

아리마 ◍ 그렇군요. 참 재미있는 발상입니다.

■ 아이템 선택도 중요하다.

– 입문자를 위해 비바리움을 아름답게 만드는 요령을 알려 주실 수 있겠습니까?

와타나베 ◍ 한 가지 말씀드리자면 필요 이상으로 '많은 색'을 사용하지 않는 것입니다. 기준은 세 가지 색 정도가 좋을 것 같습니다. 식물도 색감이 다른 종류들을 잡다하게 배치하면 아름다운 요소를 해칠 수 있습니다.

아리마 ◍ 사육장 안의 조화가 깨질 수 있다는 말씀이시군요.

와타나베 ◍ 예를 들어 식물은 한 종류만 사용하고 변화를 주고 싶을 때는 크기를 바꾸는 방법이 있습니다.

아리마 ◍ 식물 얘기를 하자면, 저도 고민스러운 부분입니다. 구체적으로 스킨답서스의 경우, 존재감이 강해서 한번 넣으면 다른 식물은 넣을 수가 없습니다. 이번에도 빨간눈청개구리의 비바리움(52쪽)에 스킨답서스를 사용했습니다. 처음에는 다른 종류의 식물도 넣으려고 계획했지만 넣으면 조화가 깨져서 결국 식물은 스킨답서스만 사용했습니다.

와타나베 ◍ 스킨답서스라면 잎이 밝은 녹색이고 반점이 없는 '형광 스킨답서스(Lime Pothos)'를 추천합니다. 제 경험으로는 잎이 다른 스킨답서스의 원예 품종보다 작고 지나치게 존재감이 강하지 않습니다.

아리마 ◍ 그건 몰랐습니다. 스킨답서스는 잎이 커서 레이아웃을 가릴 때가 있어 잎을 잘라주거나 설치 장소를 제한하는 등 조금 고심을 해야 했습니다.

〈파충류클럽〉 나가노점에 전시하고 있는 백 패널을 활용한 비바리움. 생물은 노란머리물왕도마뱀(꾸밍기 모니터:Varanus Cumingi)

와타나베 ◍ 게다가 형광 스킨답서스는 꽃집에서 바로 구입하지 말고 모종을 키워 2~3개월 정도 된 것이 좋습니다. 스킨답서스는 줄기를 잘라 물꽂이나 수경재배를 하면 잎이 작은 그루가 됩니다.

아리마 ◍ 비바리움을 위해 식물을 기르고 사용하기 쉽게 잎의 크기를 조절하다니 대단합니다.

와타나베 ◍ 저는 식물 중에 벤자민을 좋아해서 식물을 레이아웃 할 때 자주 사용합니다. 벤자민도 스킨답서스와 마찬가지로 존재감이 강하고 줄기를 잘라 번식이 가능합니다.

아리마 ◍ 역시 레이아웃을 짜는 것과 마찬가지로 기본적인 아이템 준비도 중요하군요.

와타나베 ◍ 어쩌면 그것이 더 중요할지도 모릅니다. 식물을 레이아웃 한다면 자신의 이미지에 맞는 식물을 구할 수 있을지의 여부가 비바리움의 성공을 좌우하게 됩니다. 꽃집도 식물을 고르게 구비하고 있는 곳을 찾아야겠지요. 그리고 레이아웃 단계에서는 일정한 공간을 남기고 너무 많은 아이템을 채우지 않는 것도 포인트 중 하나입니다.

■ 행복한 비바리움 라이프를 즐기자!

– 마지막으로 한마디 부탁드려도 될까요?

와타나베 ◍ 비바리움을 제작하려면 먼저 그 생물과 사용할 식물 등 여러 가지를 알아보고 필요한 정보를 입수하길 바랍니다.

아리마 ◍ 네, 정말 중요한 말씀입니다. 사육할 생물이 어떤 곳에 서식하며 무엇을 먹는지, 크기가 얼마나 될지 등을 고려해 제작한다면 좋은 결과를 얻을 수 있을 것입니다.

와타나베 ◍ 한마디 덧붙이자면 비바리움은 자기만족의 세계입니다. 생물에게 해가 될 요소가 없어야 한다는 점을 전제로, 좋아하는 생물을 기르며 마음껏 행복한 비바리움 라이프를 즐기길 바랍니다.

파충류, 양서류 사육을 위한 비바리움

초 판 발 행 일 2025년 02월 10일
발 행 인 박영일
책 임 편 집 이해욱
감 수 RAF 채널 아리마(有馬)
역 자 이진원

편 집 진 행 염병문
표 지 디 자 인 조혜령
편 집 디 자 인 김세연

발 행 처 시대인
공 급 처 (주)시대고시기획
출 판 등 록 제 10-1521호
주 소 서울시 마포구 큰우물로 75 [도화동 538 성지 B/D] 9F
전 화 1600-3600
홈 페 이 지 www.sidaegosi.com

I S B N 979-11-383-8705-7 [13490]
정 가 18,000원

시대인은 종합교육그룹 (주)시대고시기획 · 시대교육의 단행본 브랜드입니다.